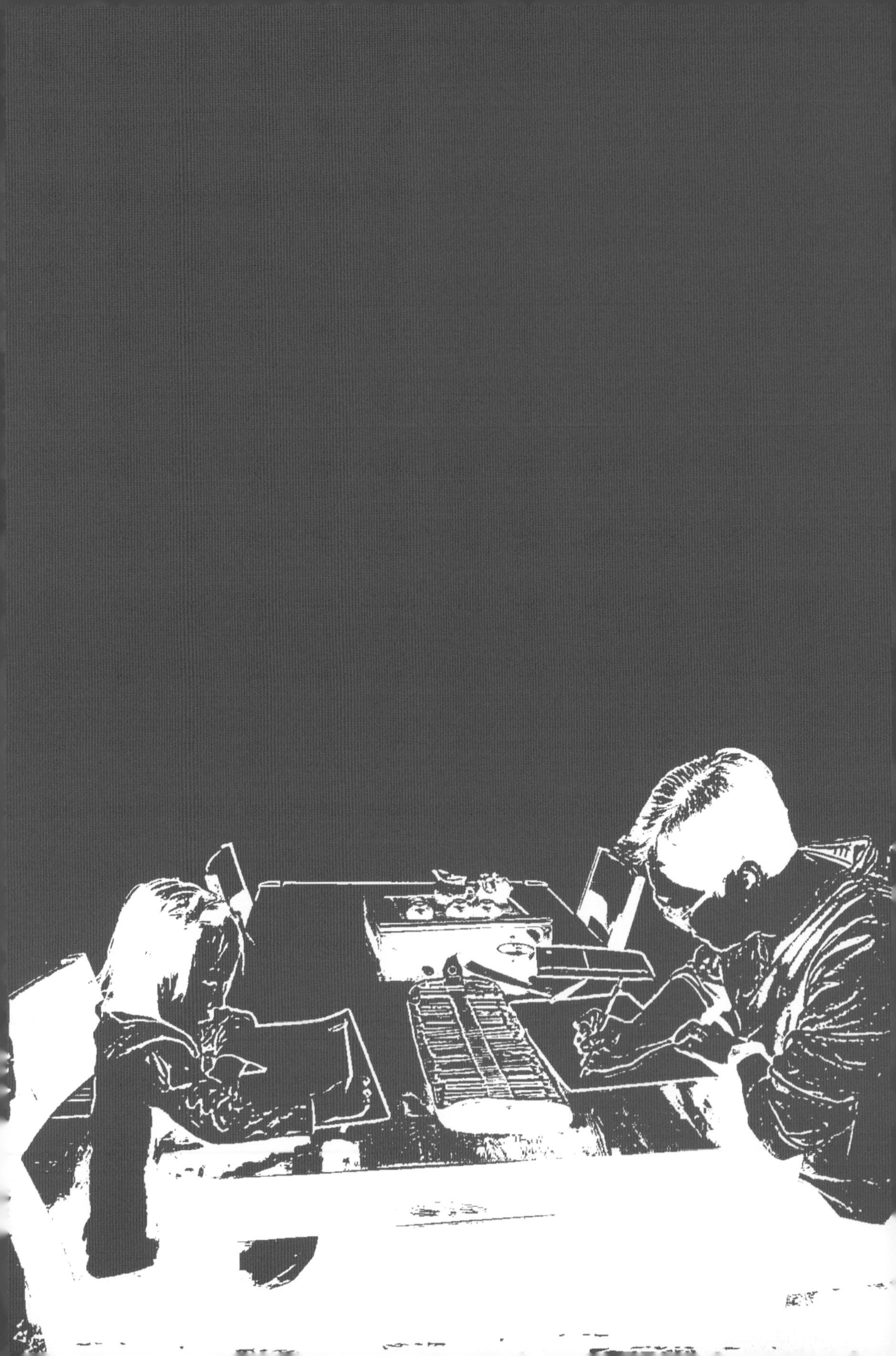

王元卓・陸源　著

萬里機構

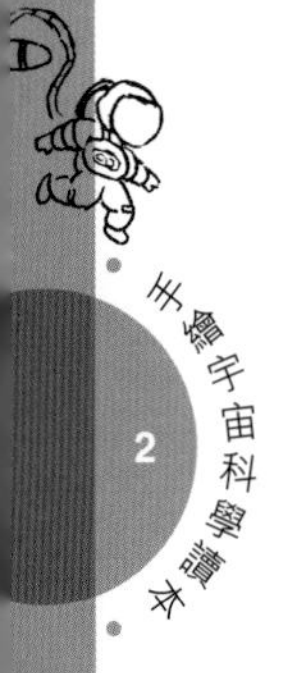

很高興應邀為本書作序。本書作者王元卓先生不僅是一位從事電腦與大數據科學研究的知名科學家，而且還是一位多才多藝並且擅長科學傳播的熱心人。2019 年，他與家人看完了電影《流浪地球》之後，為了幫助女兒更好地理解電影中的科學，便親手繪製了電影知識講解圖。

本書內容主要來自三部著名科幻電影，即《流浪地球》（2019）、《星際啟示錄》（*Interstellar*，2014）和《火星任務》（*The Martian*，2015）。作者在本書中重點選擇了電影中有關**宇宙空間、人工智慧和機器人**三個領域的知識點，並配有大量的插圖。這些領域都代表了當今科技發展的熱點與前沿，因此兼具現實感與未來感。這三大領域也涉及大量基礎與前沿物理學的基本知識，包括通訊技術的最新發展。此外，由於人類生活在宇宙唯一已知具有生命的星球，因此書中還附帶介紹了一些地球與生命科學的知識，包括當今人類最為關心的人類生存環境的問題。科幻本身源自現代科學，因此，**本書其實是以科幻電影為由，為讀者描繪了一個現代科學眾多分支學科知識的全景圖。**

本書是作者獻給自己女兒的作品，這樣的科普創作必定源自愛心與情懷，是「貼地」的科普。科普如同教育，唯有摒棄居高臨下的態度，把讀者放在平等的位置上，才最有可能創作出最為用心之作，而不是應景的作品。

近年來，伴隨着內地科普、科幻的興起，我常常思考的兩個問題是：科幻的繁盛對中國的科學發展有多重要？科普與科幻究竟是怎樣的關係？科普與科幻，從字面上看都和「科」字沾邊。科幻本身不直接傳授科學知識，但它激發的是想像力，還有對科學的熱愛，當然也蘊含了科學研究的思維和過程。從這個意義上來説，它對科學的普及起到的推動作用同樣巨大。

科幻電影作為大家喜聞樂見的一種藝術與娛樂形式，正越來越受到大家的關注。以手繪的形式為大家講解科幻電影中的科學知識，相信會成為大眾比較喜歡的一種科普類型。

本書另外一個值得稱讚之處是作者用科研的精神做科普，從而做到了通俗之餘，又不失嚴謹。譬如，作者請了中國科學院國家天文台的三位專家把關天文科學方面的知識；請北京市的小學生提出他們最想了解的科學內容等。

近年來，面向少年兒童的科普作品越來越多，其實愈是通俗的東西，成年的讀者也愈喜歡，尤其是更加適合家庭的閱讀。衷心希望這本好書，受到大家的喜愛。

中國科學院院士、美國國家科學院外籍院士
發展中國家科學院院士、中國科普作家協會理事長

前言

Foreword

在孩子們心中播下科學的種子

2019 年大年初三，我和愛人帶着兩個女兒去戲院觀看口碑爆棚的國產科幻電影《流浪地球》。回到家後，意猶未盡的我和女兒討論起電影情節，卻發現女兒其實並沒有看懂，主要原因是其中大量的科學知識、專業術語她都不了解，於是我開始一邊給她講解，一邊把結構關係畫在紙上，並寫下了一些主要資訊。這 6 幅在不經意間而成的手繪圖隨後被朋友發到了網上，意外地受到了極大的關注，不僅上了微博熱搜，還先後被 100 餘家媒體轉發，被報道約 220,000 次。更引發數萬人參與熱議，微博總閱讀量超過 1.5 億人次，以此為主題的微信公眾號文章 3,000 餘篇，多篇閱讀量超過 100,000 人次。國內 10 多家電視台做了報道和專訪，手繪圖甚至被海外媒體翻譯成英文報道。我也因此被網友稱為「手繪《流浪地球》知識講解圖的硬核科學家奶爸」。

這些數字令我深受觸動。作為一名大數據領域的科研工作者，我在中國電腦領域的代表性期刊《電腦學報》上發表的學術論文《網路大資料：現狀與展望》以 70,000 餘次的網路下載量成為該期刊 1978 年創刊以來網路下載量最高的論文，這一數字的形成歷時近 7 年。而我的科普手繪實現過億的閱讀量，只用了 7 天的時間。這讓我深切意識到大眾對科學知識的需求和對科研人員參與科普工作的認可。基於此，我決定選擇多部經典的科幻電影，集中宇宙空間、人工智慧

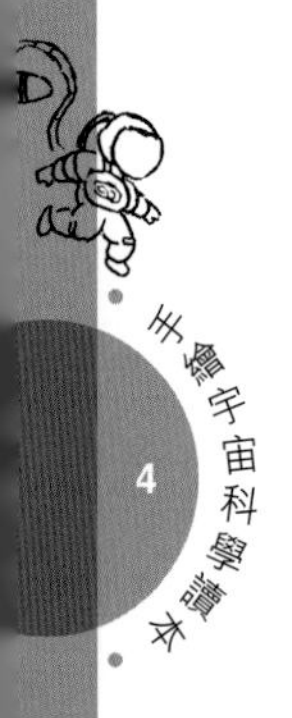

和機器人 3 個領域的知識點，以手繪的形式為大家講解更多有趣的科學知識。

經過網友推薦和我的反覆斟酌，本書選擇了《流浪地球》（2019）、《星際啟示錄》（*Interstellar*，2014）和《火星任務》（*The Martian*，2015）3 部具代表性的經典科幻電影，共同組成本書的知識架構。

此後，我又得到了由北京市中關村第三小學 30 多位小朋友組成的科學助手團的幫助，通過多次調研和問卷，選出了每部電影中孩子們最關心的 10 個問題。看到孩子們對科學知識的渴望和天馬行空的思考，也讓我更加堅定了把科普進行下去的決心。希望這本書能夠成為既滿足孩子們的需求又能受到廣大成年讀者喜歡的科普讀物。

從科學的視角講科普，這個「度」如何把握，一度成了困擾我的大問題。太簡單會有失專業性，稍微複雜些又怕嚇跑讀者。最終，我找到了一個定位，那就是：**如果你是小學生，那這套書就是科學家；如果你是科學家，那這套書就是小學生。**自開始這項工作以來，我常對自己說一句話：「做科普的回報，就是讓更多的人知道。用心做科普，希望能夠在每個人心中都能種下一顆科學的種子。」

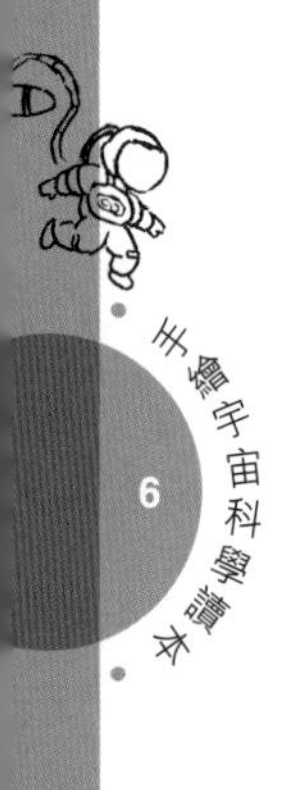

感謝本書的另一位作者，我的學生陸源，他的加入讓我可以花更多精力在整體的構思和重點的創作上，也讓我的很多想法得以快速實現。他是確保本書如期完成的重要支撐。

本書得到了中國科學院科學傳播局、中國科學院北京分院和中國科學院計算技術研究所的大力支持。創作過程中還得到中國科技與影視融合專案組的大力支持和肯定，尤其是專案發起人王姝老師，在成書過程中給予很大幫助，在此表示深深的謝意！

感謝出版社的編輯，她們為本書付出了細緻、辛勤的編輯工作，對此表示誠摯的謝意！

感謝中國科學院國家天文台苟利軍、李海甯、陸由俊三位老師對書中天文科學知識進行了更為嚴謹的解讀。

為了讓複雜的知識可以被形象表達，易於小讀者理解，書中對部分知識進行了簡化處理，由此可能會有不當之處，加之作者水準所限，書中如有錯誤和不足之處，懇請讀者予以指正。

王元卓

Chapter one
《流浪地球》中的科學

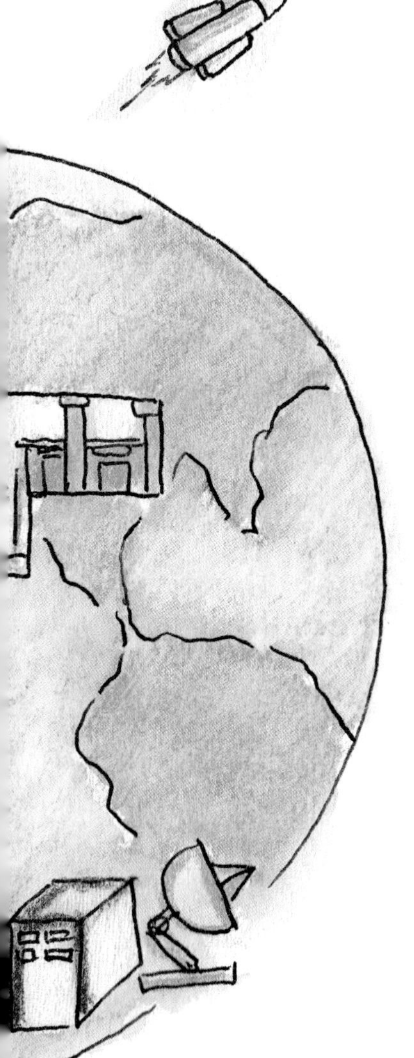

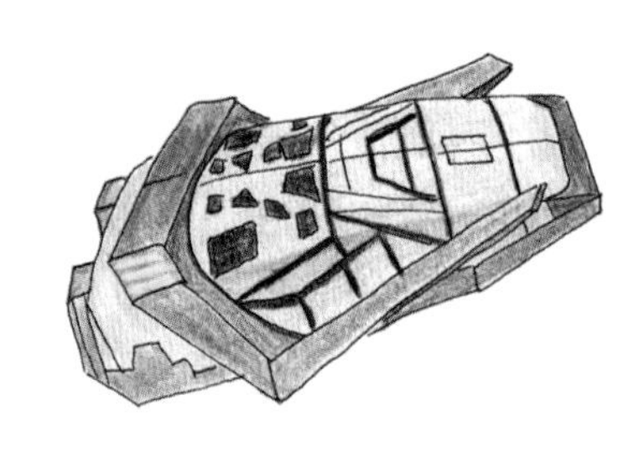

Chapter two
《星際啟示錄》中的科學

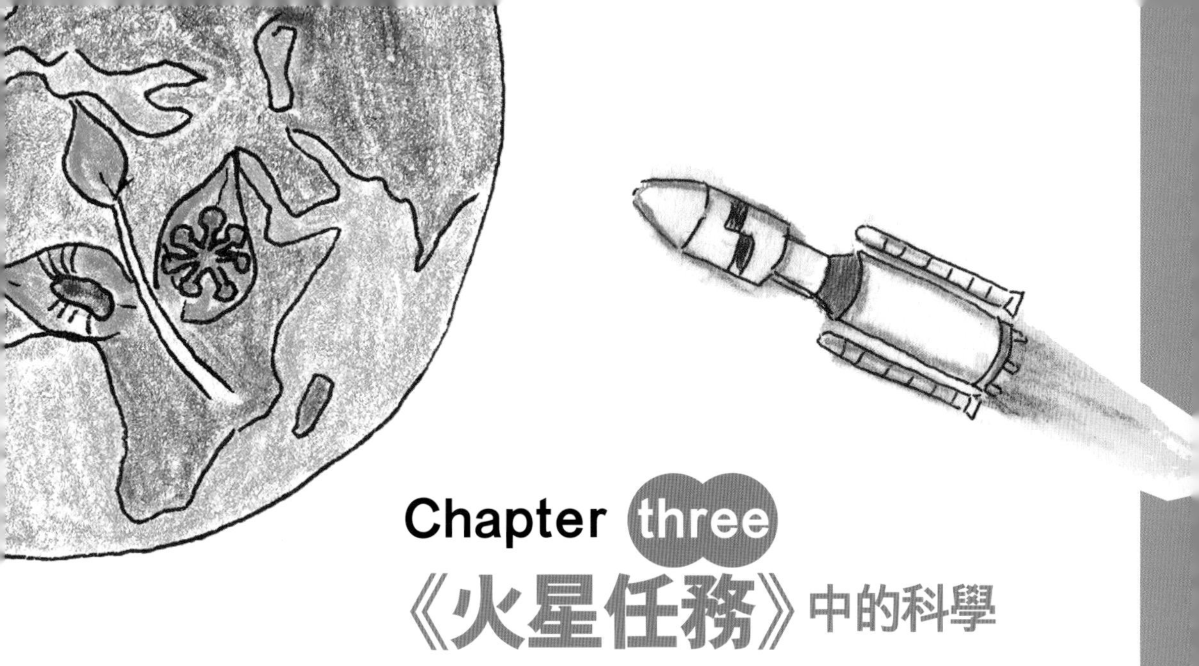

Chapter three
《火星任務》中的科學

看不懂《流浪地球》？

好吧，那我們來一起畫畫《流浪地球》中的科學……
3

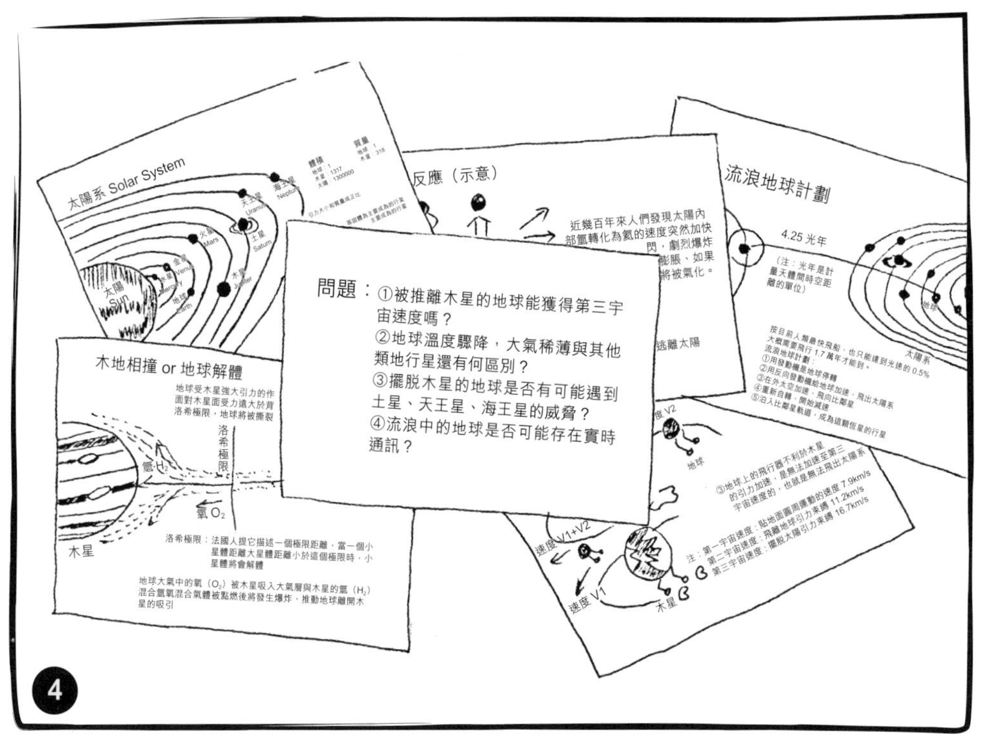

問題：①被推離木星的地球能獲得第三宇宙速度嗎？
②地球溫度驟降，大氣稀薄與其他類地行星還有何區別？
③擺脫木星的地球是否有可能遇到土星、天王星、海王星的威脅？
④流浪中的地球是否可能存在實時通訊？
太陽系 Solar System
太陽 Sun
木星 Jupiter
土星 Saturn
火星 Mars
反應（示意）
近幾百年來人們發現太陽內部氫轉化為氦的速度突然加快
流浪地球計劃
4.25 光年
（注：光年是計量天體間時空距離的單位）
太陽系
木地相撞 or 地球解體
地球受木星強大引力的作用，面對木星面受力遠大於背面，洛希極限，地球將被撕裂
洛希極限
木星
洛希極限：法國人提出它描述一個極限距離，當一個小星體距離大星體距離小於這個極限時，小星體將會解體
地球大氣中的氧（O_2）被木星吸入大氣層與木星的氫（H_2）混合氫氧混合氣體被點燃後將發生爆炸，推動地球離開木星的吸引
速度 V1+V2
速度 V1
木星
地球
注：第一宇宙速度：貼地面圍周運動的速度 7.9km/s
第二宇宙速度：飛離地球引力束縛 11.2km/s
第三宇宙速度：擺脫太陽引力束縛 16.7km/s
4

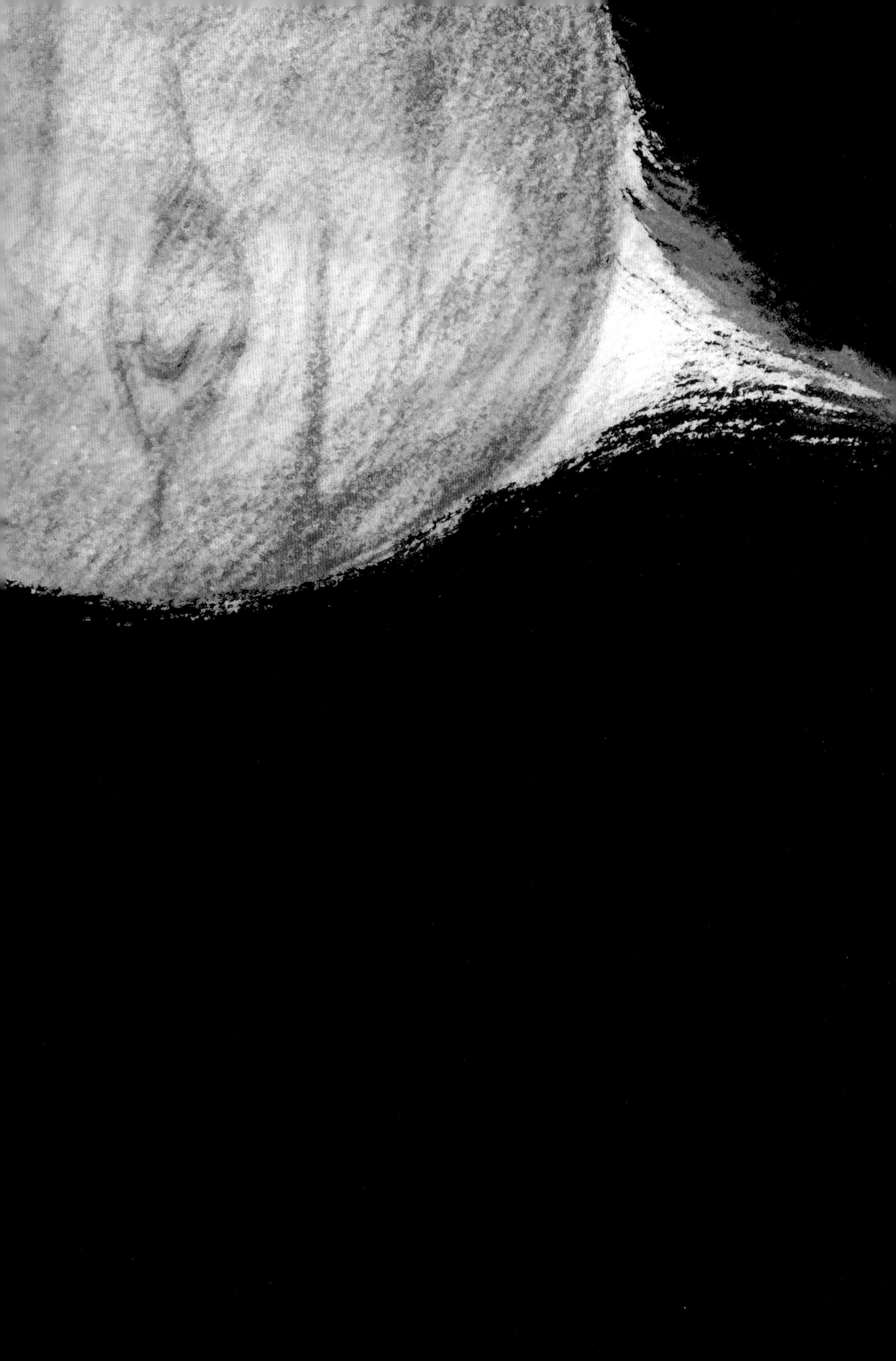

影片《流浪地球》一改往日災難片中乘坐太空船逃離的情節，展現了傳統中國人的家園故土情懷，帶着地球逃離災難，突出了中國人強調的愚公精神和人定勝天的理念，打開了一個新的科幻維度空間。

《流浪地球》展現了富有科學依據的災難背景、符合科學原理的避難措施，描繪了一個全新的地下避難救災的宏大場景。

*《流浪地球》（2019）是由劉慈欣監製，郭帆導演，屈楚蕭、吳京和吳孟達等主演，並由中國電影股份有限公司、北京京西文化旅遊股份有限公司、北京登峰國際文化傳播有限公司、郭帆文化傳媒有限公司出品的科幻電影。

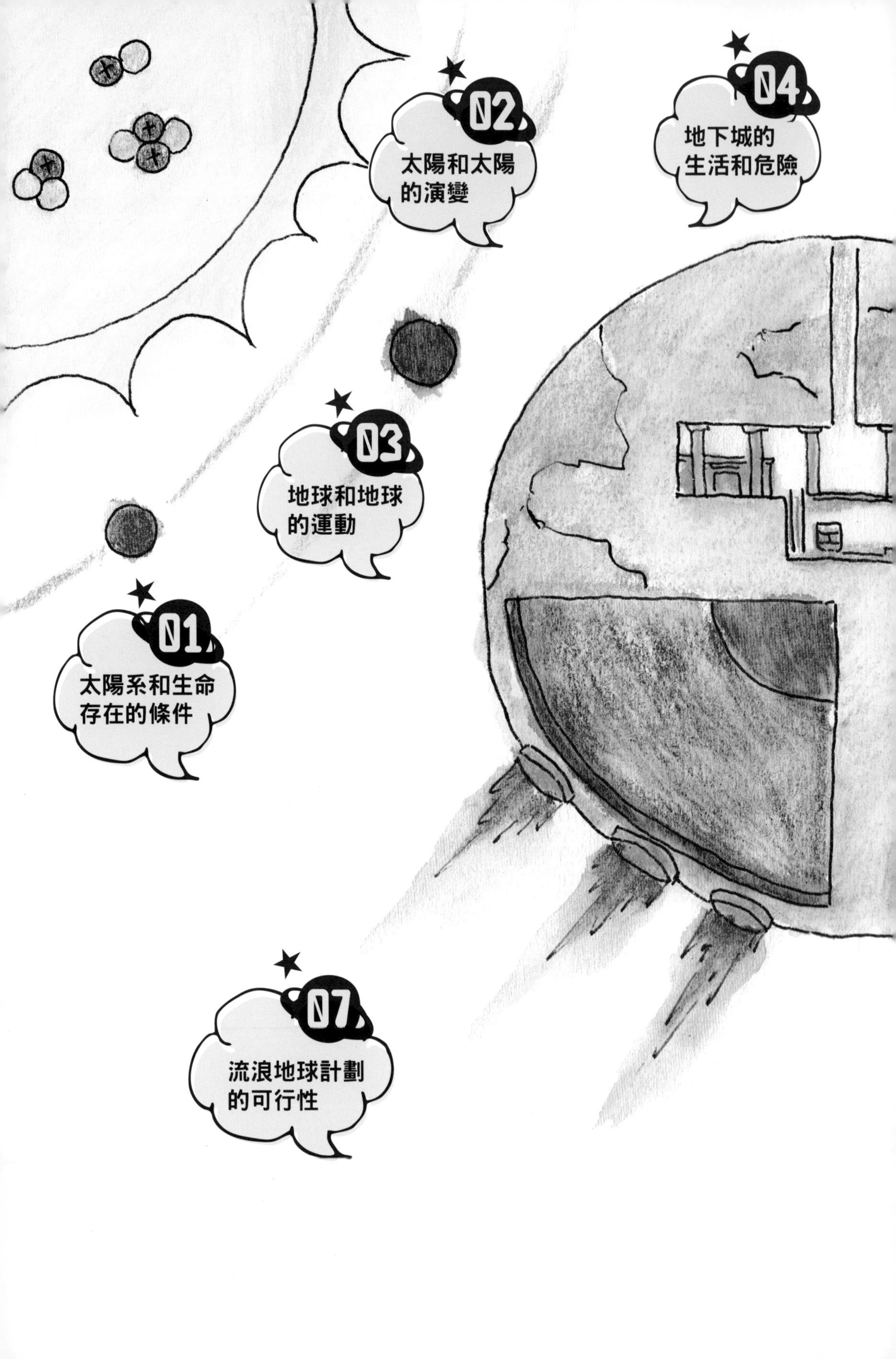
02
太陽和太陽
的演變
04
地下城的
生活和危險
03
地球和地球
的運動
01
太陽系和生命
存在的條件
07
流浪地球計劃
的可行性

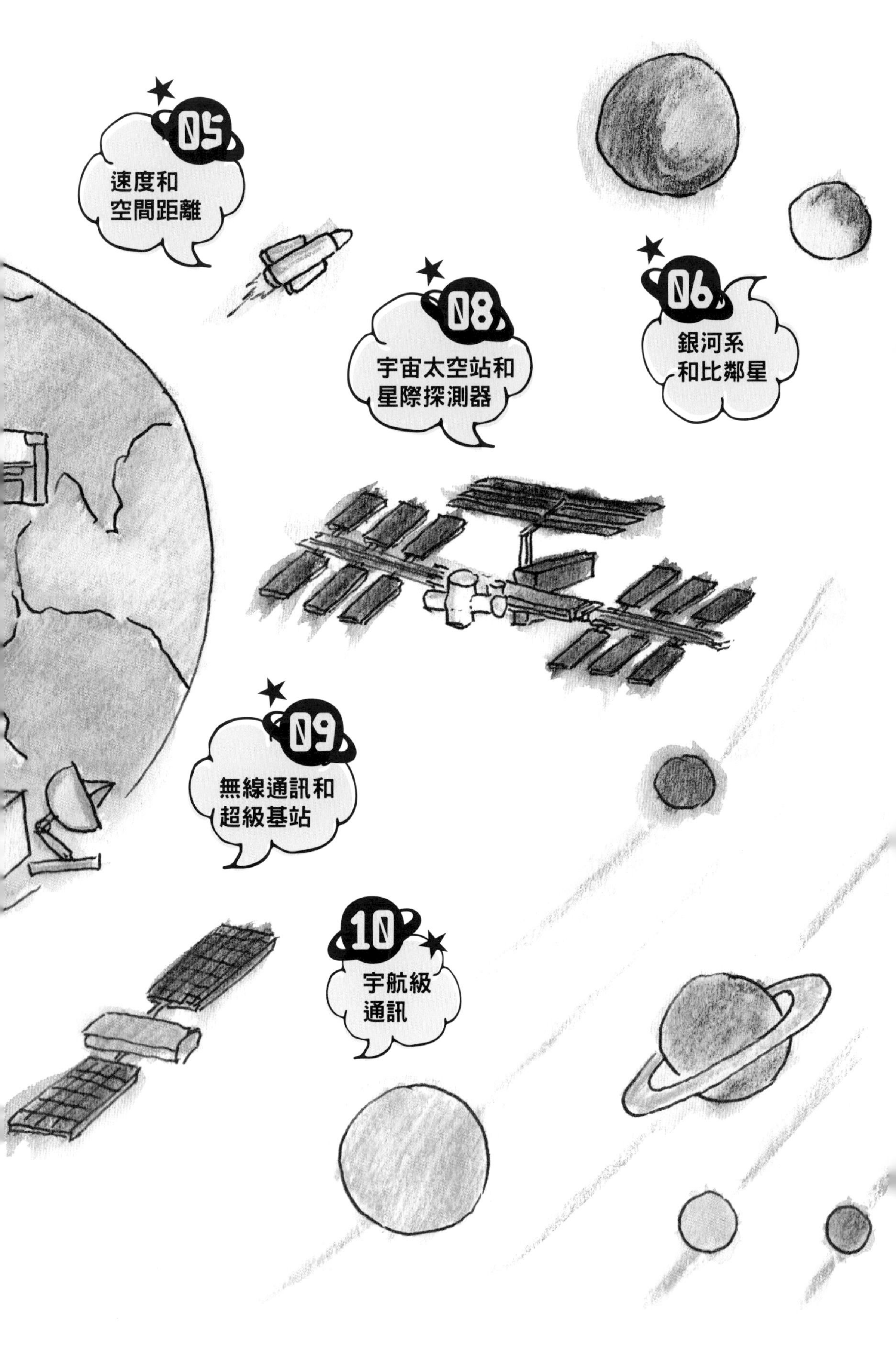
05
速度和
空間距離
08
宇宙太空站和
星際探測器
06
銀河系
和比鄰星
09
無線通訊和
超級基站
10
宇航級
通訊

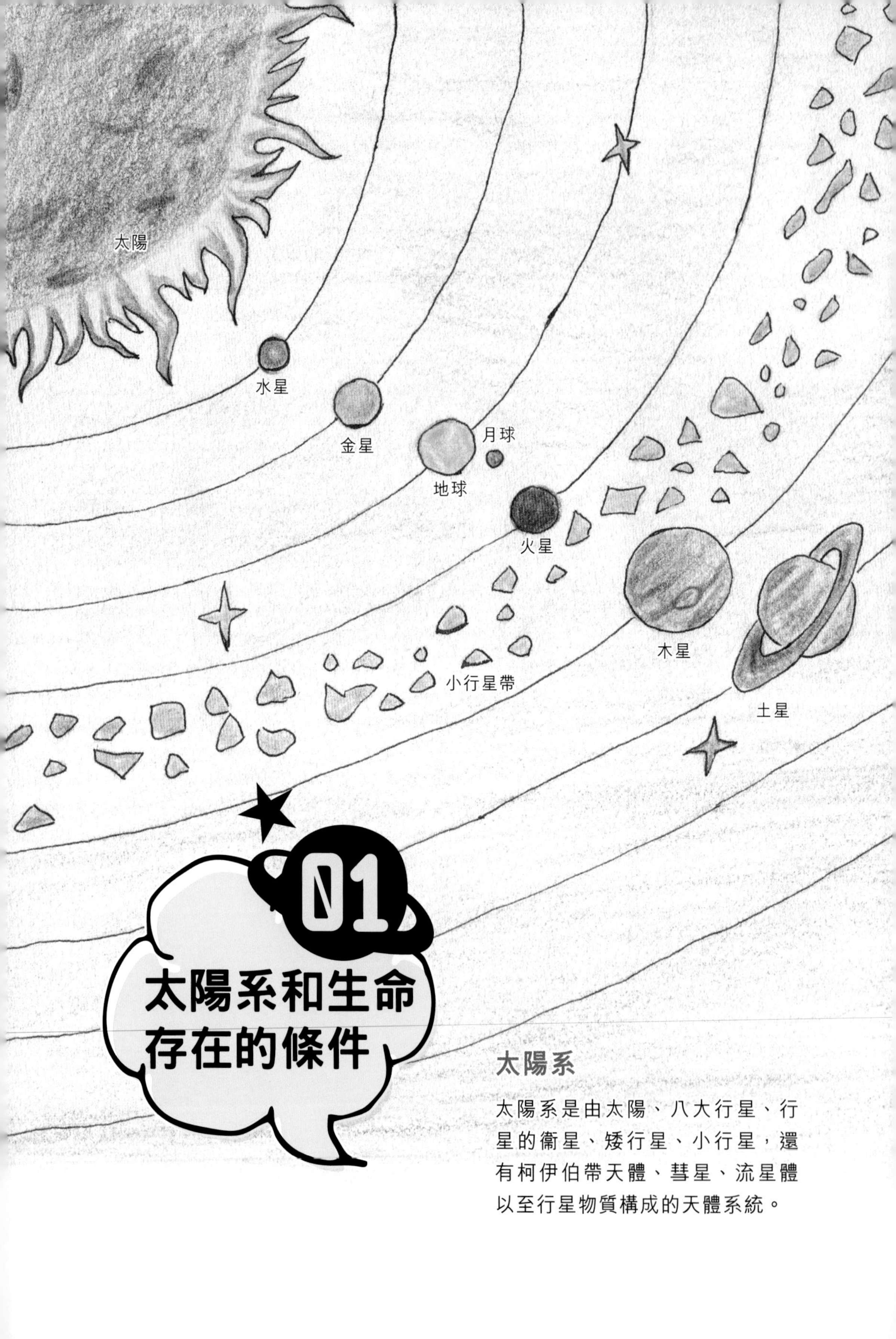

太陽系

太陽系是由太陽、八大行星、行星的衛星、矮行星、小行星，還有柯伊伯帶天體、彗星、流星體以至行星物質構成的天體系統。

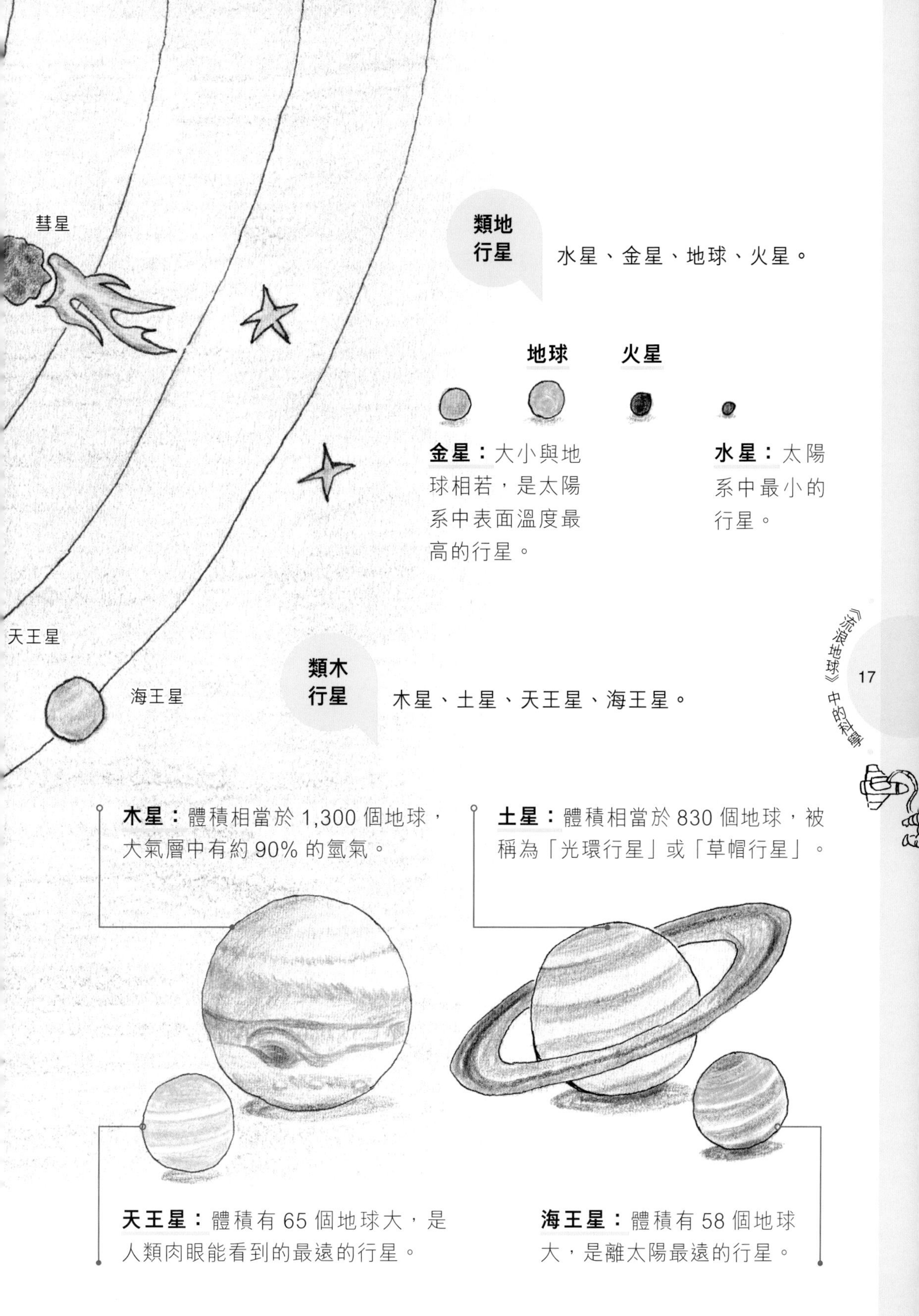
彗星
類地行星
水星、金星、地球、火星。
地球
火星
金星：大小與地球相若，是太陽系中表面溫度最高的行星。
水星：太陽系中最小的行星。
天王星
海王星
類木行星
木星、土星、天王星、海王星。
木星：體積相當於 1,300 個地球，大氣層中有約 90% 的氫氣。
土星：體積相當於 830 個地球，被稱為「光環行星」或「草帽行星」。
天王星：體積有 65 個地球大，是人類肉眼能看到的最遠的行星。
海王星：體積有 58 個地球大，是離太陽最遠的行星。

生命存在的條件

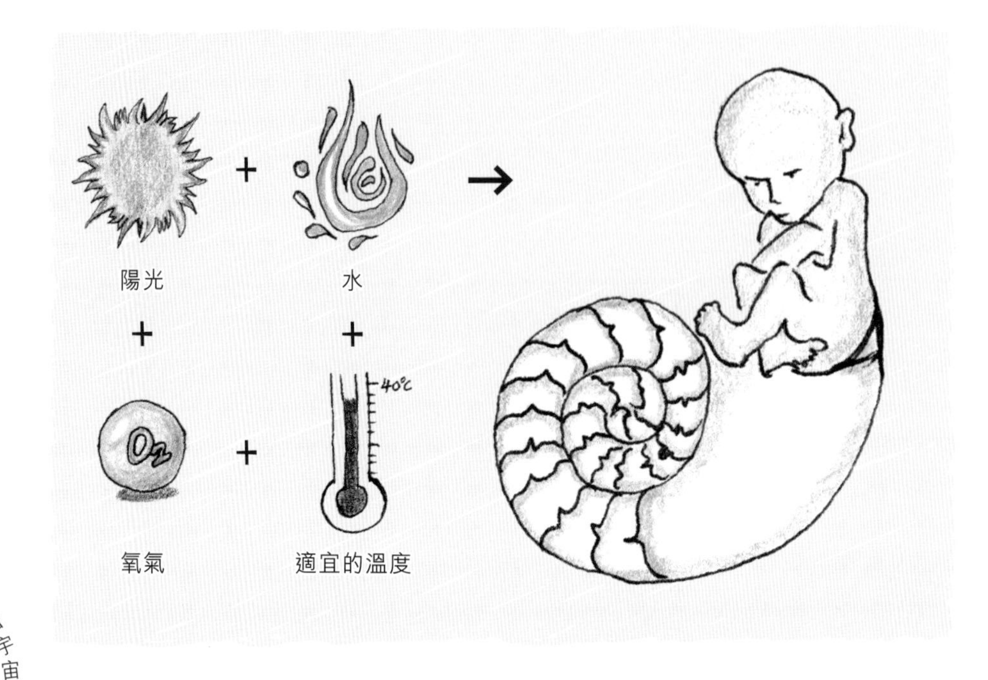

以下三個星體，是目前太陽系內最有可能具備生命存在的條件：

火星：半徑是地球的一半，已在火星發現地下儲冰，火星可能具備支持現有生命的條件。

木衞二：木星的天然衞星之一，按編號稱作木衞二。體積與月球相約，表面極厚冰殼下有液態水層，受木星潮汐作用加熱，基本能滿足生命所需的條件。

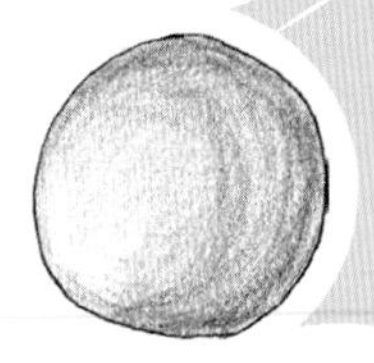

土衞六：土星的天然衞星之一，按編號稱作土衞六。體積比水星還大，濃密的含氮大氣層下是一個與古地球非常相似的由碳氫物質組成的有機物表面。

02 太陽和太陽的演變

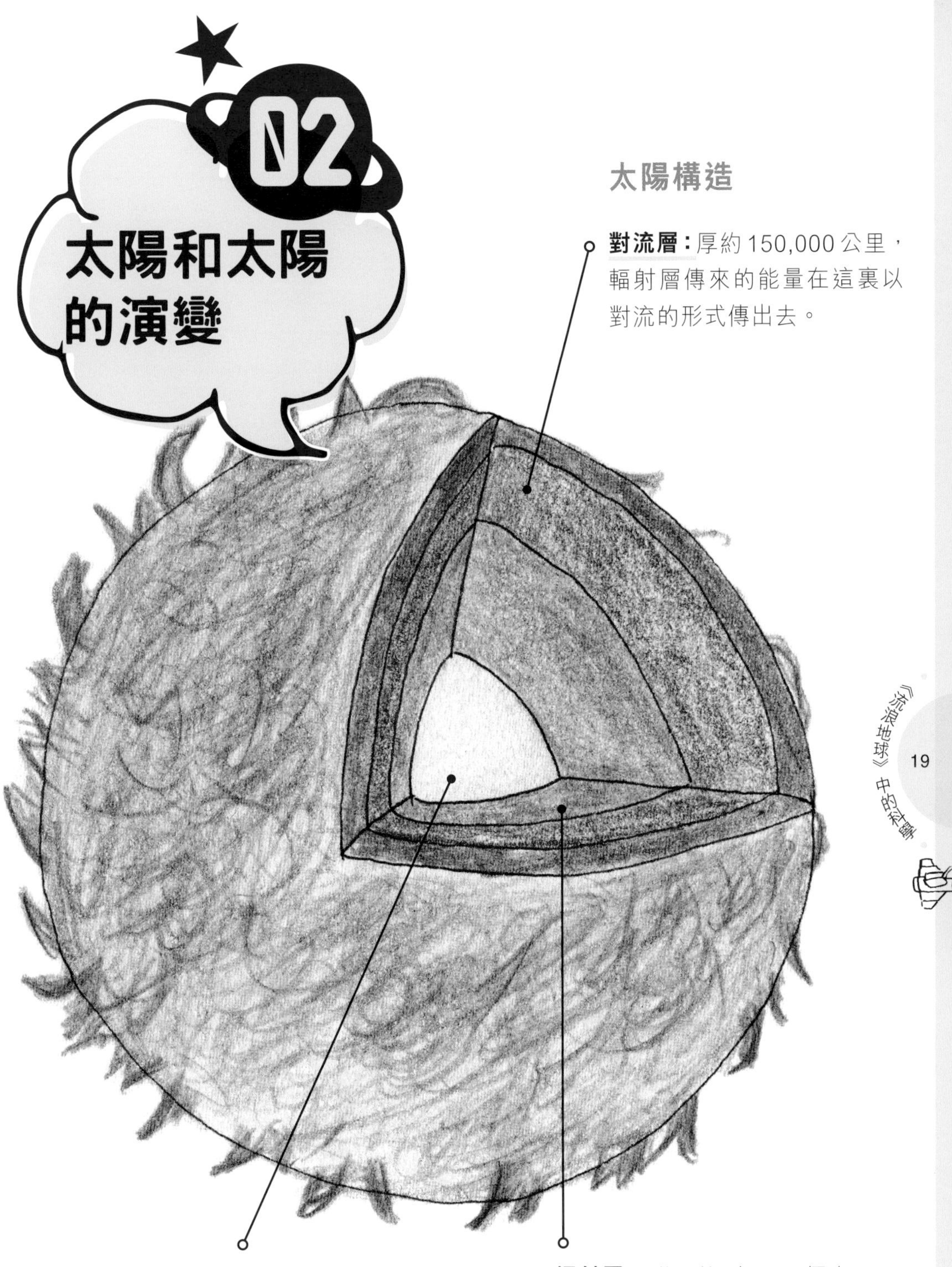

太陽構造

對流層：厚約 150,000 公里，輻射層傳來的能量在這裏以對流的形式傳出去。

日核：佔太陽半徑的 1/4，質量達到太陽質量的一半。溫度達 15,000,000℃，隨時都在進行着四個氫核聚變成一個氦核的核聚變反應。

輻射層：從日核到 0.71 個太陽半徑的區域。日核聚變產生的能量在這裏以電磁波的形式傳向太陽外層。

通常意義的核聚變反應

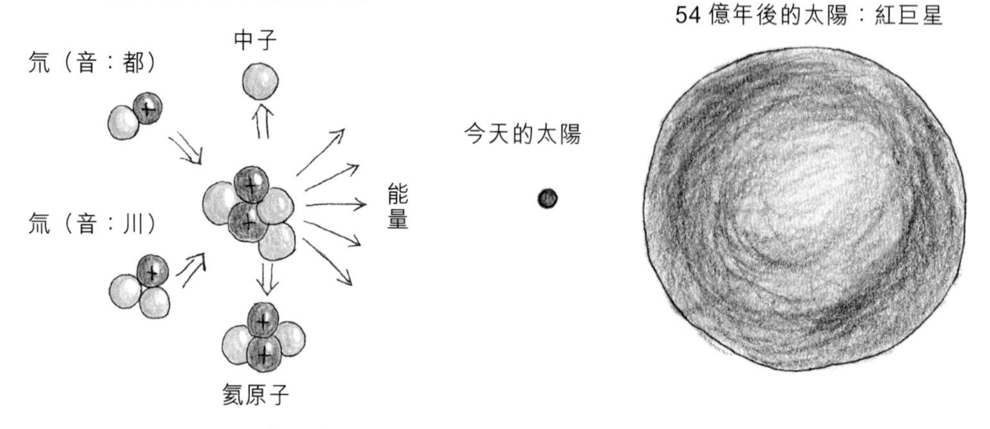

太陽演變為紅巨星，地球的命運將怎樣？

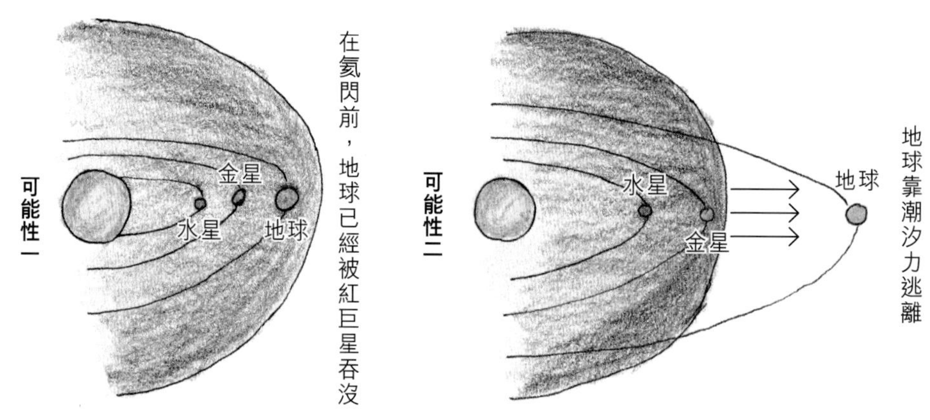

由於潮汐力的存在，目前地球正在以 15 厘米 / 年的速度遠離太陽。

太陽的演變

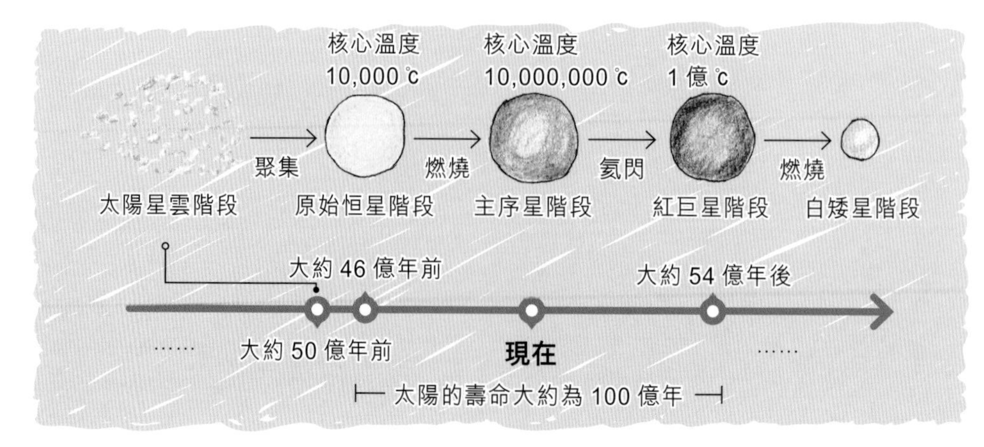

03

地球和地球的運動

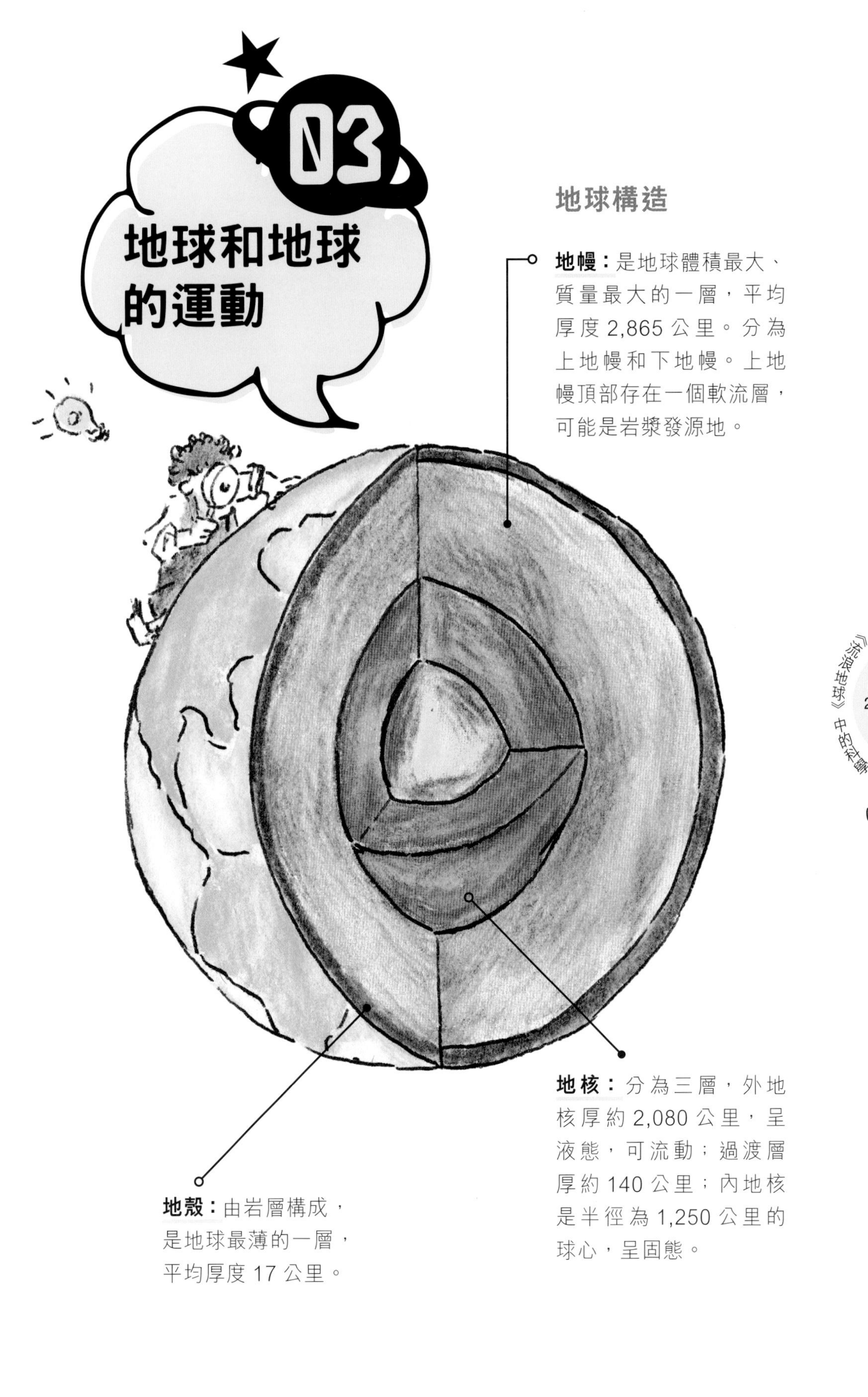

地球構造

地幔：是地球體積最大、質量最大的一層，平均厚度 2,865 公里。分為上地幔和下地幔。上地幔頂部存在一個軟流層，可能是岩漿發源地。

地核：分為三層，外地核厚約 2,080 公里，呈液態，可流動；過渡層厚約 140 公里；內地核是半徑為 1,250 公里的球心，呈固態。

地殼：由岩層構成，是地球最薄的一層，平均厚度 17 公里。

地球的運動

地球自轉 地球繞自轉軸自西向東轉動，從北極點上看呈逆時針旋轉。地球自轉軸與黃道面成 66.34 度夾角，與赤道面垂直。地球自轉一週用時 23 小時 56 分 4 秒。

轉速變化 一方面風的季節性變化導致地球的自轉在春天轉得慢，在秋天轉得快。另一方面潮汐作用導致地球的自轉愈轉愈慢。據推算，2 億年後，一年僅有 300 天，一天會有 30 小時！

想讓地球停止轉動需要多大力氣？

電影中每個行星「發動機」通過重核聚變能夠產生 1,500,000 億噸的推力，產生的加速度是 0.000000025 米 / 秒。在赤道附近的轉動速度大約就是 460 米 / 秒。對於一個「發動機」而言，需要 218,569 天（大約 600 年）的時間才能夠讓地球停止轉動。

地球不轉了會發生甚麼事？

每個白天和黑夜將持續半年，甚至會因為被太陽引力鎖定，所以一個半球永遠是白天，另一個半球永遠是黑夜。

大氣層會繼續運動，產生強烈颶風。

引力導致海水上漲，帶來巨大潮汐。

繞日公轉 地球目前以 29.79 公里 / 秒的速度繞着太陽公轉，轉一週需 365 天 5 小時 48 分 46 秒。地球離太陽平均 1.5 億公里。在每年 1 月初到達近日點的時候，地球會「跑」得快一些；在 7 月初到達遠日點的時候，地球會「跑」得慢一些。

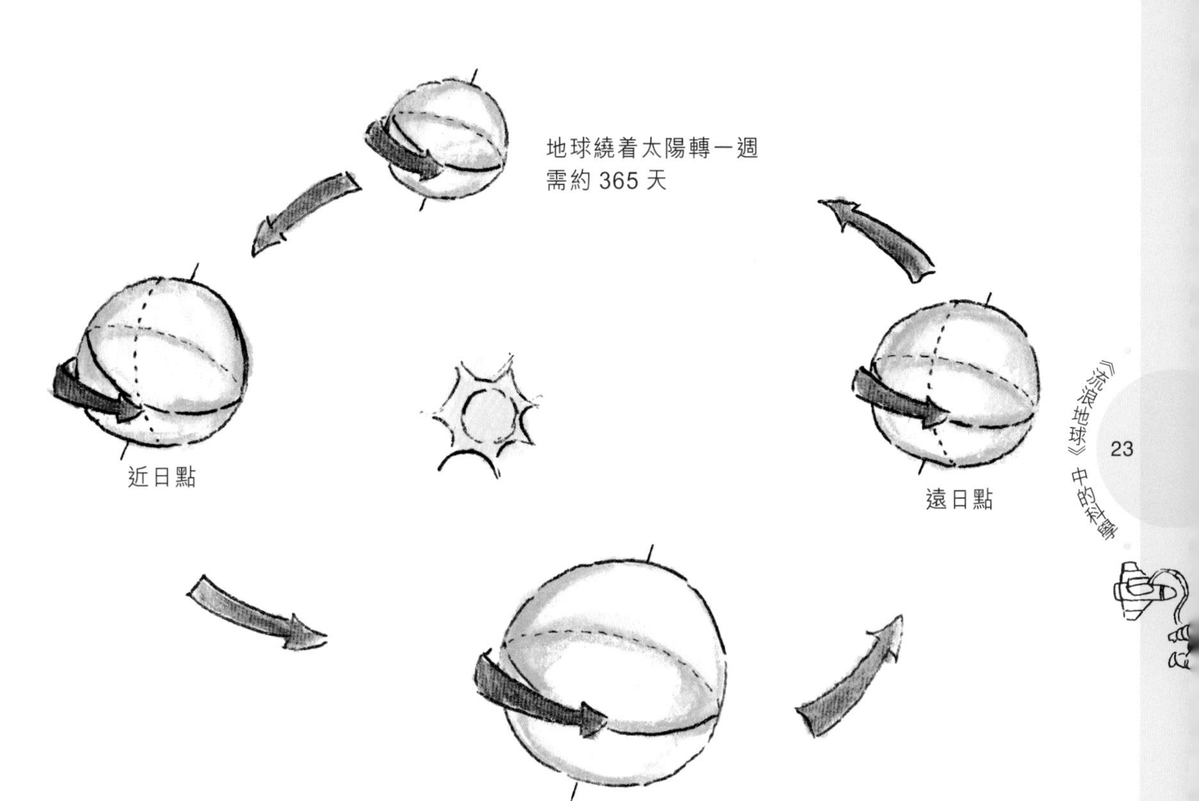

一年四季不一樣長 在北半球由春天到秋天的季節裏，地球公轉速度較慢，大約需要 186 天「跑」完全程。這段時間是北半球的夏半年和南半球的冬半年。在北半球由秋天過渡到春天的季節裏，地球公轉速度較快，大約需要 179 天「跑」完全程。這段時間是北半球的冬半年和南半球的夏半年。

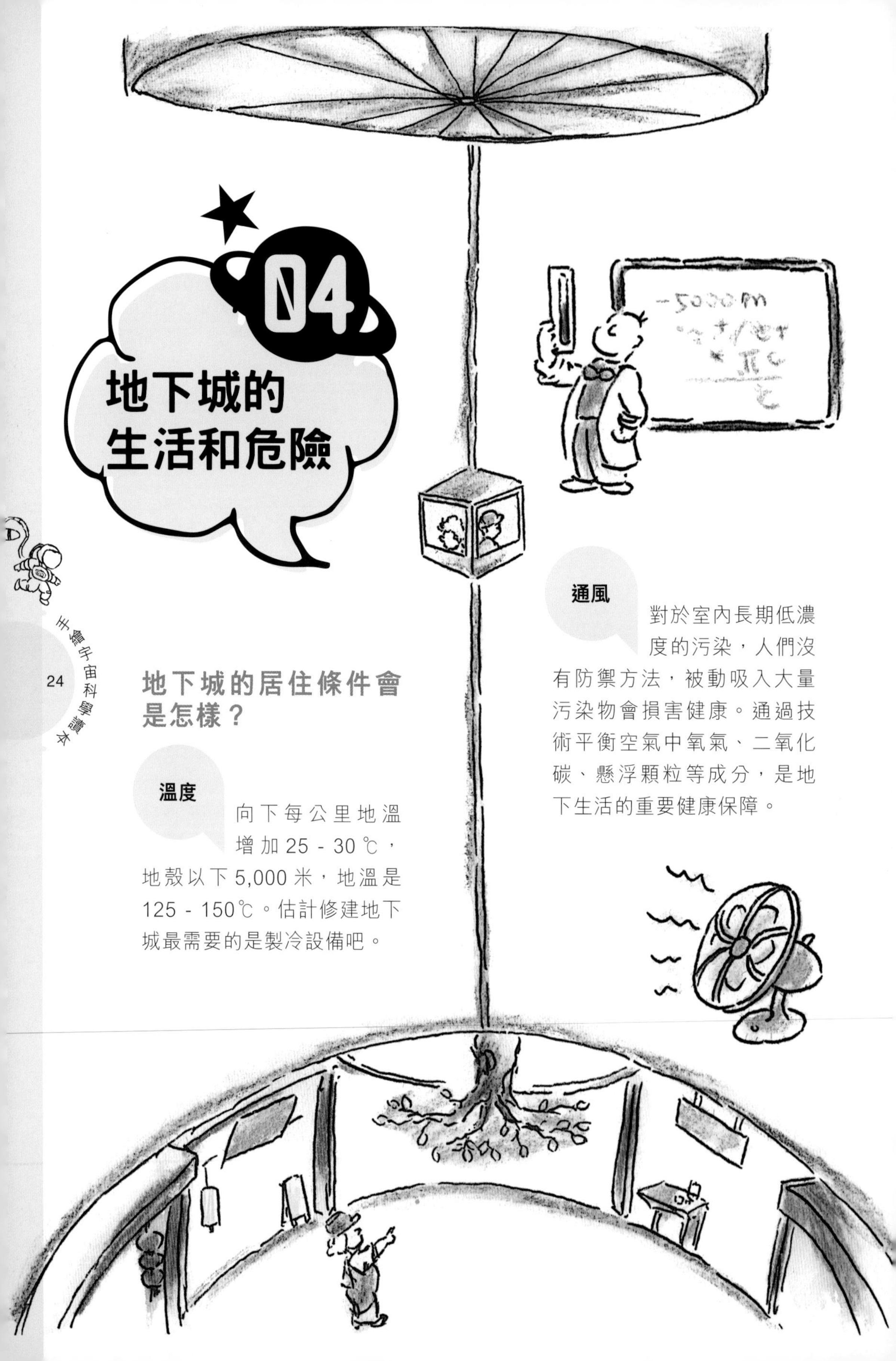

04 地下城的生活和危險

地下城的居住條件會是怎樣？

溫度

向下每公里地溫增加 25 - 30 ℃，地殼以下 5,000 米，地溫是 125 - 150℃。估計修建地下城最需要的是製冷設備吧。

通風

對於室內長期低濃度的污染，人們沒有防禦方法，被動吸入大量污染物會損害健康。通過技術平衡空氣中氧氣、二氧化碳、懸浮顆粒等成分，是地下生活的重要健康保障。

水循環

可以將給水、排水系統組成一個閉路循環的用水系統。將產生的廢水處理後重複使用，可不補充或僅少量補充新鮮水，不排放或少排放廢水。

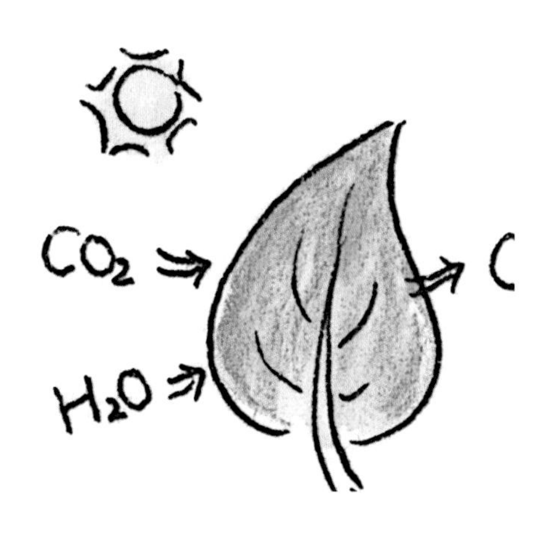

光合作用

綠色植物利用太陽的光能，吸收二氧化碳和水，製造有機物質並釋放氧氣。光合作用的產物主要是碳水化合物，並釋放出能量。

蚯蚓

在電影中，人們把蚯蚓視為一種營養非常豐富的食物。蚯蚓乾中含有 54.6% - 59.4% 的蛋白質，富含人體所需的氨基酸，是優質蛋白，營養價值甚至優於牛奶、豆漿和一些魚類。

在地下城裏是否有四季？

四季的形成

地球自轉軸與地球繞太陽公轉面之間有一個夾角（23 度 26 分）。當地球繞太陽公轉時，太陽直射地球的位置在南回歸線到北回歸線之間移動。當太陽直射點位於北半球時，北半球獲得的熱量高，處於夏半年；反之，當太陽直射點位於南半球時，北半球獲得的熱量低，處於冬半年。

當地球停止自轉並且脫離太陽系時，想要看到四季景色只能通過模擬來實現了。

在地下城裏是否有危險？

岩漿

岩漿產生於上地幔和地殼深處，主要成分為矽酸鹽和含揮發成分的高溫黏稠熔融物質。據測定，岩漿的溫度一般在 900-1,200℃，最高可達 1,400℃。

地震

在地表以下 5,000 米的地方，絕大部分都是堅硬的岩石，因此可以在這裏修建地下城。在地震發生時這裏的地震傾覆力矩相對於地面的建築物要小得多，從建築的結構抗震性能來講，地下城更抗震。

同時，要考慮是否有活動斷層穿過。活動斷層不僅與地震的發生關係密切，而且斷裂的活動對於地下結構及建築物的安全會產生致命的破壞。

光速有多快？

汽車的速度：60 公里 / 時

火車的速度：300 公里 / 時

飛機的速度：900 公里 / 時

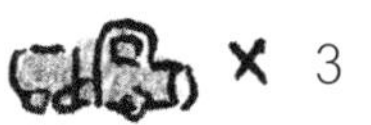

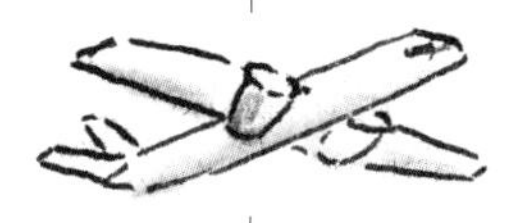

火箭的速度：4.2 公里 / 秒

宇宙飛船的速度：70 公里 / 秒

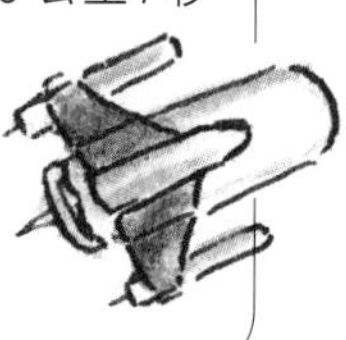

光速的速度：300,000 公里 / 秒

第一宇宙速度： 7.9 公里 / 秒。以此速度飛行可以環繞地球，成為地球衛星。

第二宇宙速度： 11.2 公里 / 秒。以此速度飛行可以脫離地球，成為環繞太陽運動的「人造行星」。

第三宇宙速度： 16.7 公里 / 秒。以此速度飛行可以飛出太陽系。

第四宇宙速度： 110 - 120 公里 / 秒。以此速度飛行可以飛出銀河系。

第五宇宙速度： 是航天器從地球發射，飛出本星系群的最小速度。由於本星系群的半徑、質量均未有足夠精確的數據，所以無法估計數據大小。

我們能以光速飛行嗎？

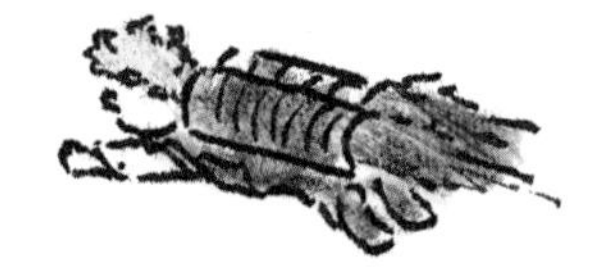

限制 1

根據狹義相對論的質量公式，運動物體的質量會比靜止時更大。物體運動的速度愈接近光速，質量愈接近無限大。

限制 2

給一個物體加速時，所施加的能量有一部分會轉化成物體的質量，更大的質量會進一步阻礙加速，所以無限接近光速就需要無限大的能量。

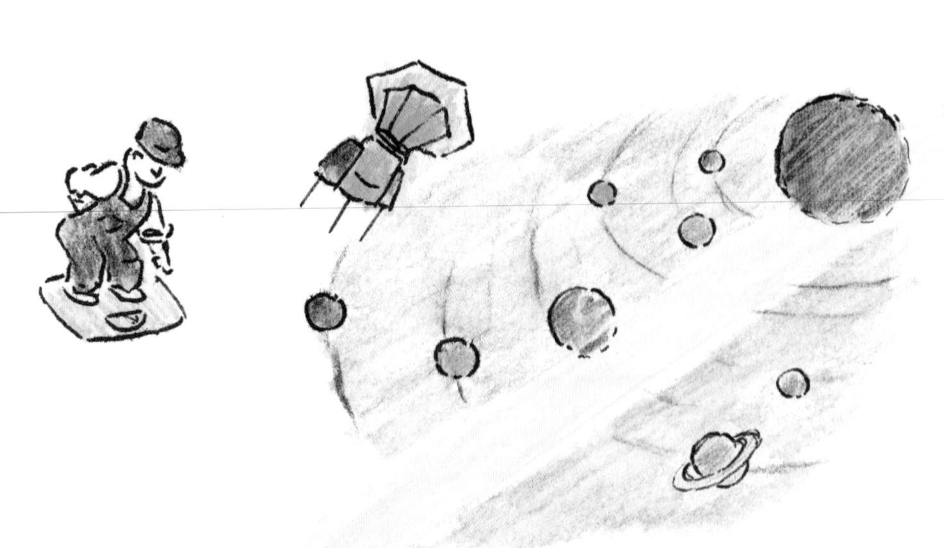

1 光年有多遠？

光年是長度單位，光在宇宙真空中沿直線「走」了 1 年時間的距離，就是 1 光年。光年一般被用於衡量天體間的距離。常見的客機時速大約是 885 公里 / 時，飛 1 光年需要 1,220,330 年。

目前，人類擁有的速度最快的飛行器是 2011 年發射的「朱諾號」木星探測器。它的速度達到了 264,000 公里 / 時，是此前最快的飛行器「旅行者 1 號」速度的 4.3 倍。

地球到太陽的距離：0.0000158 光年

地球到天狼星的距離：8.6 光年

地球到銀河系中心的距離：26,000 光年

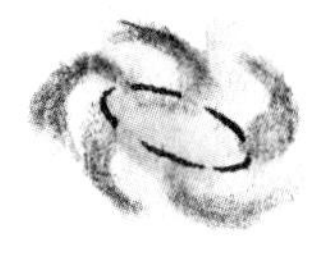

天文單位

天文單位是測量太陽系天體之間距離的基本單位。1 天文單位約等於 1.496 億公里。

銀河系半徑約為 50,000 光年。按引力影響計算，太陽系的半徑可達 2 光年；按奧爾特星雲為邊界，太陽系的半徑可達 0.5 光年。

未來可能

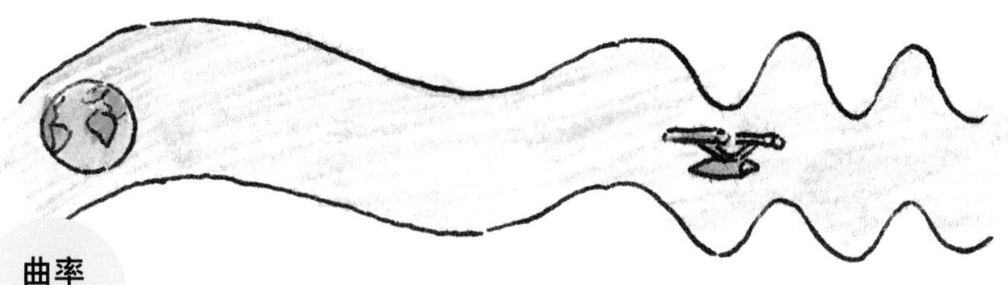

曲率飛行

利用彎曲空間的彈性推動飛船高速前行，只要調節空間拉伸與彎曲程度即可幾乎無限制地增加速度。

06 銀河系和比鄰星

宇宙測量

在可觀測的宇宙中，星系的總數可能超過 1,000 億個，最古老的星系距今約 135.5 億年。已知最大的星系距地球大約 10.7 億光年，直徑約 5,600,000 光年，相當於銀河系直徑的 50 多倍。

銀河系

銀河系中包括 1,200 億顆恒星和大量的星團、星雲，還有星際氣體和塵埃。太陽系就位於銀河系中。銀河系直徑約 100,000 光年，總質量約為太陽質量的 8,000 億 - 15,000 萬億倍。

銀河系是巨大的棒旋星系，其內的恒星、氣體和塵埃等分佈成漩渦狀，這種漩渦被稱為旋臂。太陽系位於獵戶座旋臂、人馬座旋臂和英仙座旋臂之間。

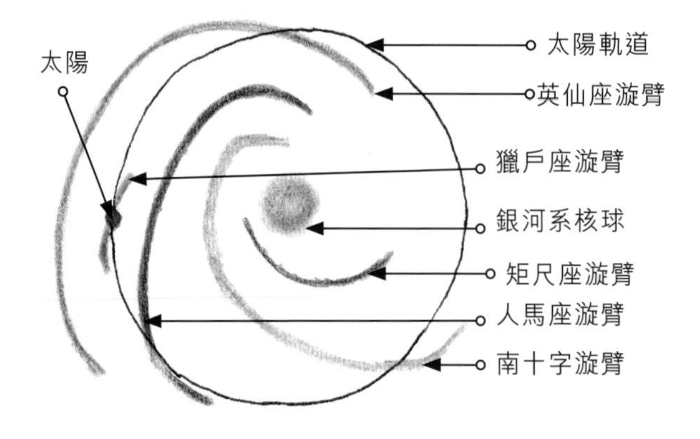

銀河系中間厚、邊緣薄，呈扁平狀。通常我們看到的銀河其實只是銀河系的一部分，而我們能看到的星座有天鵝座、天琴座、天鷹座、人馬座和天蠍座，還有牛郎星和織女星呢！

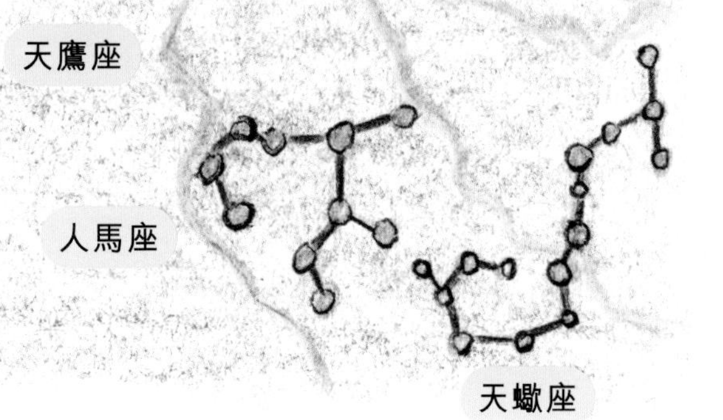

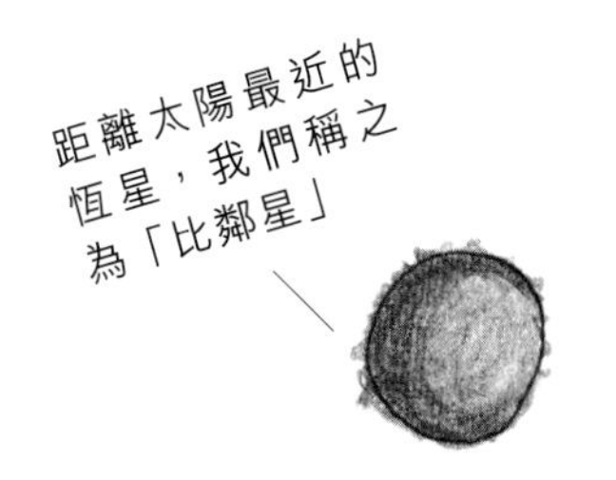

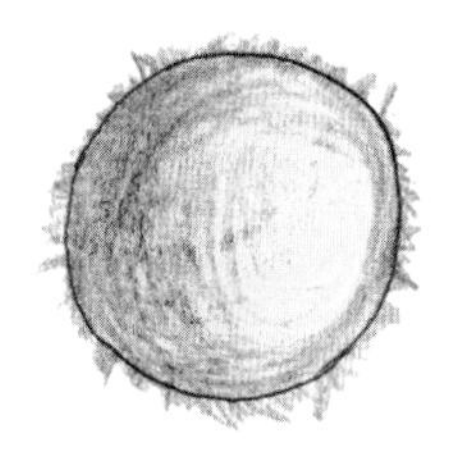

比鄰星	VS	太陽
紅矮星	階段	主序星
視星等 *11 等	亮度	視星等 26.74 等
約為太陽直徑的 1/7	直徑	1,400,000 公里
約為太陽質量的 1/8	質量	2×10^{30} 千克
48.5 億歲	年齡	46 億歲
表面約 2,800℃	溫度	表面約 5,700℃

* 註：視星等是用肉眼看到的星體亮度，它的數值愈小亮度愈高，反之愈暗。

柯伊伯帶

它是一個由眾多冰質小天體組成的環。這些天體由冰、岩石和塵埃組成。

奧爾特星雲

50 億年前形成的奧爾特星雲，包圍着太陽系，星雲內佈滿了不活躍的彗星，距太陽約 50,000-100,000 個天文單位，差不多等於 1 光年，即太陽與比鄰星距離的約 1/4。

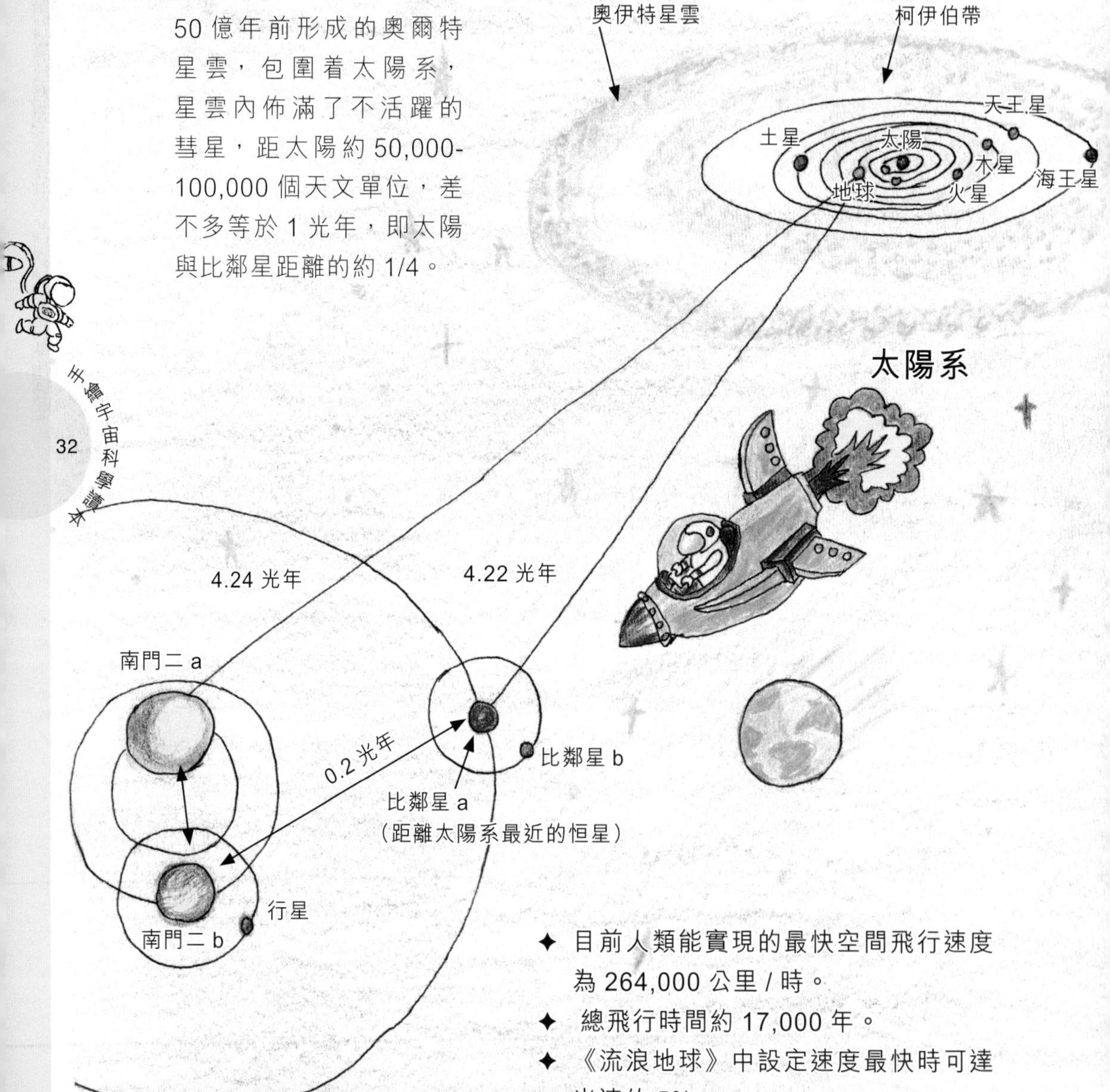

奧伊特星雲
柯伊伯帶
天王星
土星
太陽
木星
海王星
地球
火星

太陽系

4.24 光年
4.22 光年
南門二 a
0.2 光年
比鄰星 b
比鄰星 a
（距離太陽系最近的恒星）
行星
南門二 b

- 目前人類能實現的最快空間飛行速度為 264,000 公里 / 時。
- 總飛行時間約 17,000 年。
- 《流浪地球》中設定速度最快時可達光速的 5%。
- 總飛行時間約 2,500 年。

流浪地球計劃的可行性

流浪地球計劃

階段 1
剎車階段
行星發動機使地球停止自轉。

階段 2
逃逸階段
全功率開動行星發動機，加速駛出太陽系。

* 註：功率是指能量轉換或使用的速率

階段 3
先流浪階段
利用太陽和木星完成加速，駛向比鄰星。

階段 4
後流浪階段
利用 500 年時間將地球加速到光速的 5%，然後滑行 1,300 年，再調轉發動機，利用 700 年進行減速。

階段 5
新太陽時代
地球泊入比鄰星軌道，成為比鄰星的行星。

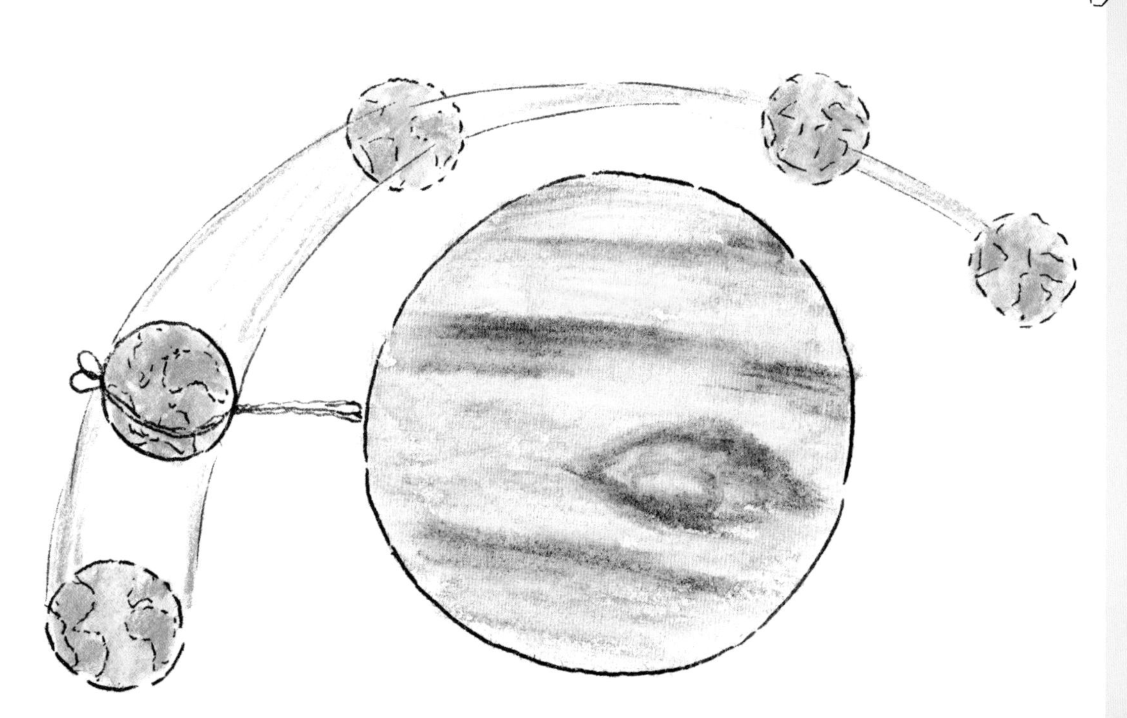

為甚麼選擇帶着地球流浪？

距離太陽系最近的比鄰星沒有行星（不過，最新的天文研究成果顯示：比鄰星的行星已被發現）；最近的有行星的恒星系在 850 光年外；人類目前還不具備建造大型、穩定的生態系統的技術。

地球流浪為甚麼沒帶月球？

地月引力無法讓地球以一個相對靜止的狀態向前前進。逃逸過程中，如果月球還在跟隨地球，那麼月球就必須保持同速，否則推進器的工作量就要再加上整個月球。兩者的速度如果有差異，就會出現月球和地球相撞的可能。

如何利用木星加速？

利用行星的引力改變飛行軌道和速度，即引力彈弓效應。木星公轉速度約為 13 公里 / 秒。當地球通過木星後，就算不計算地球發動機帶給地球的額外速度疊加，地球獲得的速度也將至少達到 55.8 公里 / 秒，足以完成逃離太陽系的任務。

為甚麼選擇利用木星加速？

質量愈大的天體動能交換愈多。木星的質量約為地球的 318 倍，是太陽系中質量最大的行星，而且是適合對地球進行引力助推的行星中，距離地球最近的行星。

為甚麼會墜落木星，地球解體？

當兩個天體的質量和引力場強度存在差異並且距離足夠近時，質量較小、引力場強度較弱的天體就會被另一個更大天體的潮汐力拉扯解體。該定義極限距離就是洛希極限（Roche limit）。

地球與木星的剛體洛希極限約為62,700公里。在電影中，地球大氣與木星大氣的距離大於洛希極限，所以木星的引力並不會把地球撕碎。

點燃木星可行嗎？

木星是一顆氣態行星，大氣中氫含量高達 90%。從地球抽取的大量氧氣和木星的大氣中的大量氫氣混合，具備了燃燒的三個必要條件。爆炸所需的氫氣的濃度為 4% -70%，但過低的氧氣含量仍然無法點燃木星。

領航員太空站為甚麼是圓形的？

- ✦ 環形太空站不斷旋轉，模擬地球重力和自轉方向。
- ✦ 在向外離心力作用下，可以將太空站的周邊當作地面，在太空站內站立、行走。

知名探測器及探測成就

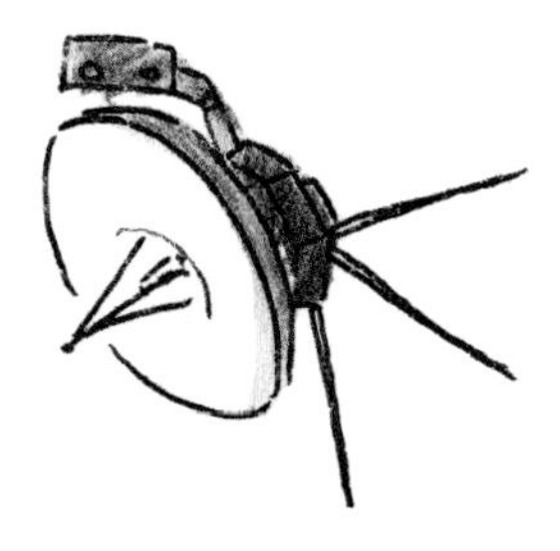

飛經某一行星的探測器：「旅行者 1 號」是迄今為止人類飛得最遠的飛行器，現處在距離太陽 220 億公里以外的地方，以 17 公里 / 秒的速度逃離太陽系。它曾到訪過木星及土星，是提供行星高清晰解像照片的第一艘太空船。

環繞恒星運行的探測器：「太陽神 1 號」和「太陽神 2 號」探測器被部署在繞太陽橢圓軌道上，用於研究太陽活動。

「太陽神 2 號」創造了 0.29 天文單位（43,432,000 公里）的距離紀錄。

在行星上着陸的探測器：「海盜 1 號」和「海盜 2 號」探測器於 1975 年在火星表面軟着陸成功。着陸 40 分鐘後就將第一張火星彩照傳送回地球。它們分別在火星上工作了 6 年和 3 年，對火星進行了考察，共傳送 50,000 多幅火星照片，精度可達 200 米。

國際太空站長甚麼樣？

國際太空站由美國、俄羅斯等共 16 個國家參與研製，集積木式和桁架掛艙式構型於一體。每年需為在國際太空站工作的每位太空人，運送 658 公斤食品、209 公斤服裝。

太空人在國際太空站上研究甚麼？

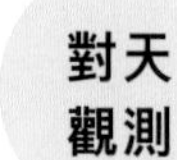

對天觀測

對天觀測可獲得宇宙射線、亞原子粒子等重要資訊，對影響地球 環境的天文事件（如太陽耀斑、暗條爆發等）做出快速反應。

對地觀測

利用可見光、紅外和微波等探測手段，對 人類賴以生存的地球環境及人類活動本身進行觀測。

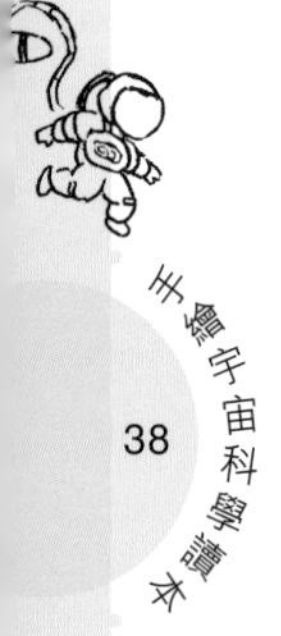

材料科學

研究高真空、超潔淨、微重力空間環境條件下材料加工過程的物理規律、材料加工生產及工藝。

重力生物學

通過多種參數來判斷重力對太空人身體的影響，可提高對人的大腦、神經、骨骼和肌肉等方面的研究水準。

09 無線通訊和超級基站

常見的通訊方式

有線電通訊 利用導線傳輸信息的方式可分為明線通訊、電纜通訊和波導通訊。有線電通訊的特點是保密性好、穩定，不易受干擾。

無線電通訊 利用無線電波傳輸信息的通訊方 式機動性好，但不穩定，易受干擾，易被截獲。

衛星通訊 衛星通訊是利用人造地球衛星作為中繼站來轉發無線電波而進行的兩個或多個地球站之間的通訊，具有覆蓋範圍廣、通訊容量大、傳輸質量好、組網方便迅速等優點。

在地球同步軌道要部署至少三顆通訊衛星才能覆蓋整個地球。

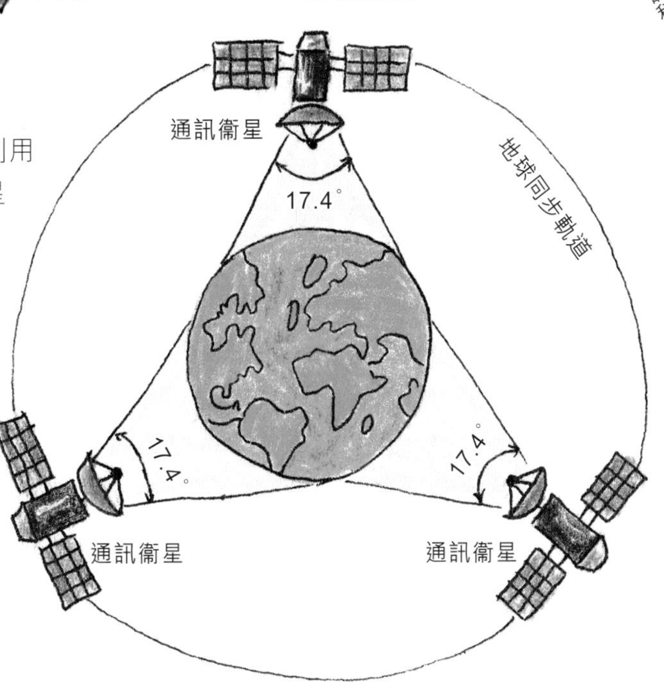

可見光

10^{24} 10^{22} 10^{20} 10^{18} 10^{16} 10^{14} 10^{12} 10^{10}

伽瑪射線
X 射線
紫外線
紅外線

10^{-16} 10^{-14} 10^{-12} 10^{-10} 10^{-8} 10^{-6} 10^{-4} 10^{-2} 10^{0}

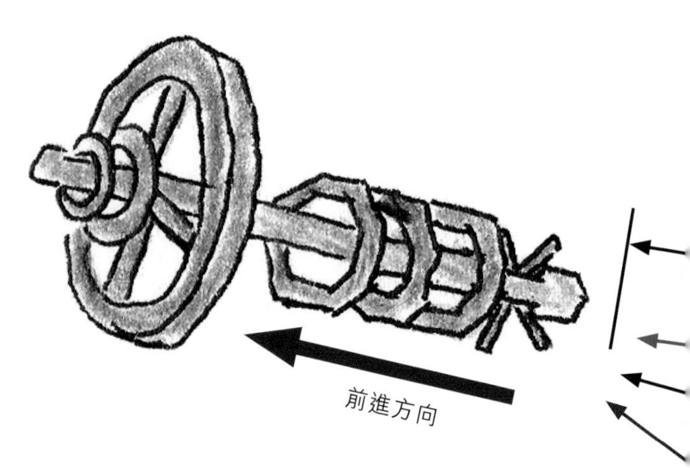

太空站與流浪中的地球通訊的可能方式

在電影《流浪地球》中「領航員號」太空站是負責導航、預警和通訊保障的。它的部分功能相當於通訊衛星。

根據電影中的設定，太空站在正對地球南極 100,000 公里遠的前方領航。

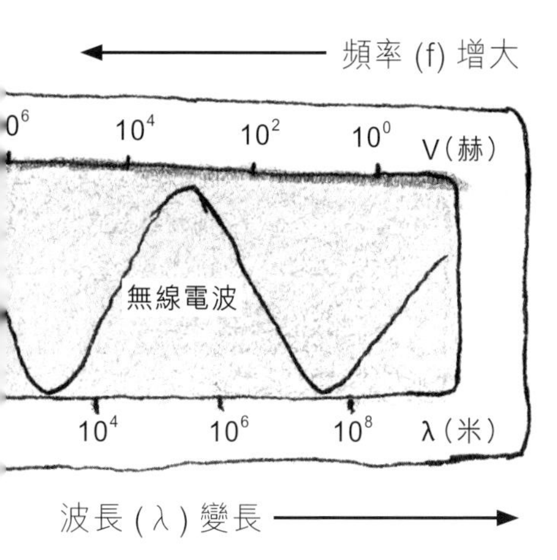

電磁波

無線電波是電磁波家族中的一員。無線電波的波長愈短，頻率愈高。無線電波在真空中的速度等於光在真空中的速度，因為無線電波和光均屬電磁波。無線電波在空氣中的速度略小於光速。

聯合國教科文組織把每年的 2 月 13 日定為「世界無線電日」。

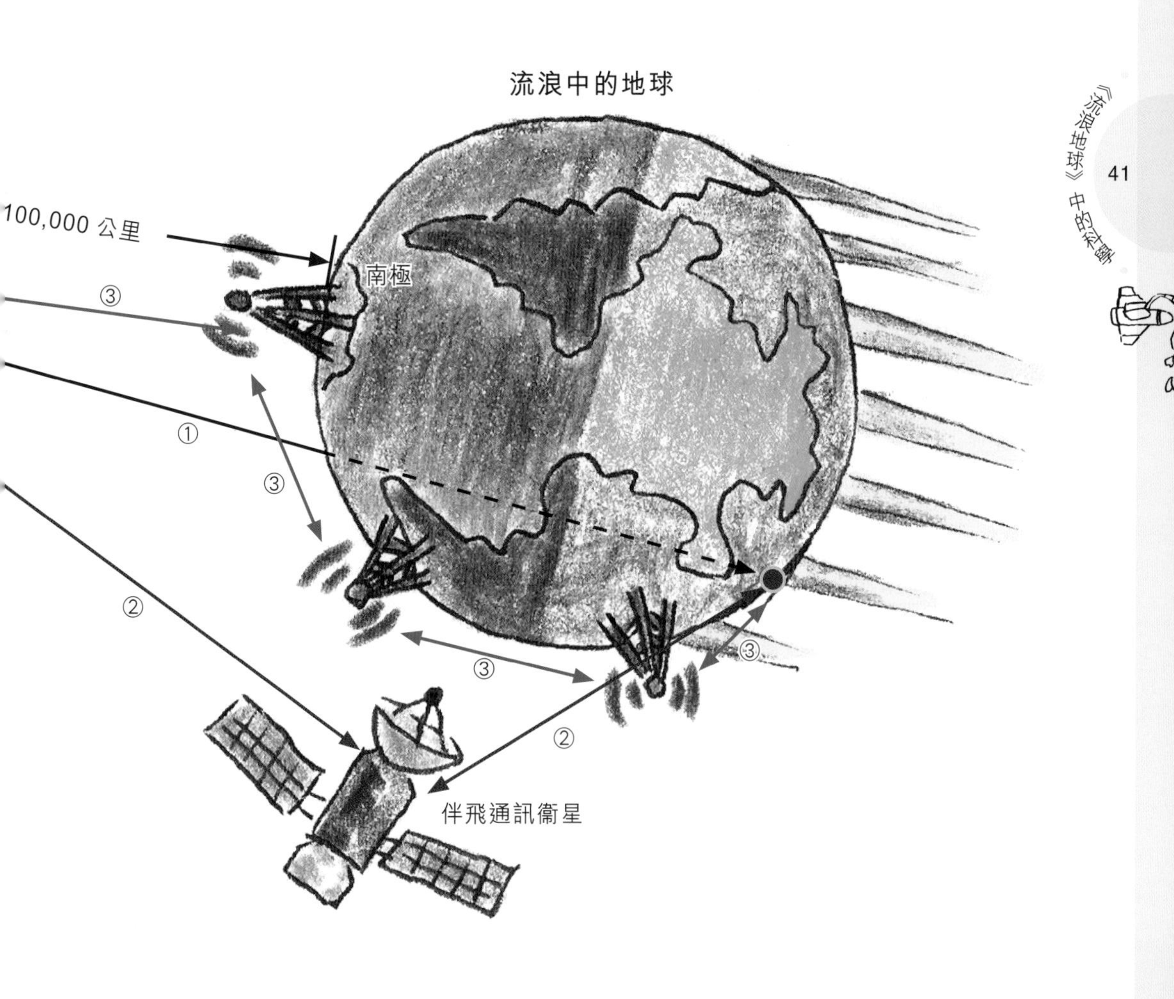

直接通訊

太空站與人類居住的北半球直接通過無線電波通訊。但因無線電波無法從南半球穿過整個地球到達北半球，故無法實現。

✕ 方式 2

衛星通訊

太空站與人類居住的北半球通過中繼衛星轉發實現通訊。但由於地球處於流浪過程中，目前的衛星已無法實現與地球同步，故無法實現。

超級基站

太空站與南極附近的地面超級基站實現通訊，再通過地面基站的轉發實現與北半球的通訊，具有可行性。

超級基站比傳統基站服務能力提升 1,000 倍，資源使用效率提升 1,000 倍。傳統蜂窩接入主要覆蓋「人」，而超級基站可以支持千億物端的廣覆蓋、高移動的隨遇接入。設備接入能力提高 100 倍，覆蓋範圍從 20% 的地面，擴展到 100% 的空、天、地、海，甚至可向外太空及星際互聯延伸。

超級基站

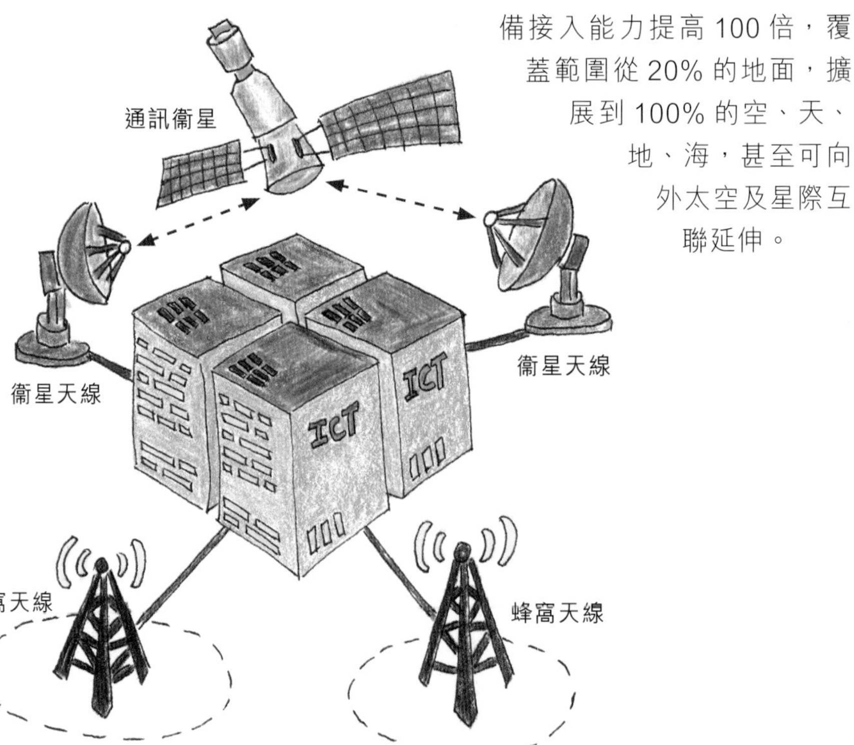

行星探測器如何與地球聯繫？

火星距離地球 55,000,000 - 4 億公里。「好奇號」探測器訊號傳輸單向傳輸用時 14 分鐘，意味着目前的距離是 2.48 億公里。

「好奇號」的主板上有 3 個無線電系統。其中 2 個處於 7-8 吉赫的 X 波段，以 60 比特 / 秒 -12 千比特 / 秒低數據率將訊號傳輸回地球，主要負責接收指令。第三個是數據調制解調器，運行頻率接近 400 兆赫，可以和繞火星的衛星進行通訊，用於將數據轉發到地球，它的數據率更高（約為 128 千比特 / 秒）。火星探測器「漫遊者」也只能實現大約 256 千比特 / 秒的數據傳輸速率。

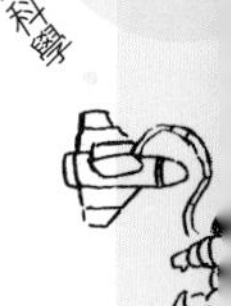

在地球上如何接收訊息？

深空網 * 是一個覆蓋全球的巨型測控站網絡，可以接收通訊息，開展行星際探測。

深空網包括設在美國加利福尼亞、西班牙馬德里和澳洲坎培拉的 3 座經度間隔 120 度的大型測控站，保證隨着地球的轉動仍然能夠對目標保持不間斷的監控。

太空艙內有氣體，太空人可以面對面説話交流。而聲音的傳播需要介質，在真空中不能傳播，所以太空人在太空艙外要靠無線電來對話交談。

* 深空網，英文全稱為 Deep Space Network，簡稱 DSN。

如何實現星際通訊？

如果從距離太陽最近的恒星（比鄰星，約 4.22 光年）向地球發送功率為 1 瓦的訊號，在地球上需要有一座口徑超過 50 公里的射電望遠鏡才能接收到。

如何與太空中的探測器進行通訊？

「旅行者 1 號」距離地球超過 210 億公里，安裝了永遠朝向地球的 22.4 瓦高增益發射器，選擇干擾較小的 8 吉赫的無線電頻率。每一次通訊，無線電訊號都要經過 17 個小時才能傳回地球，只能以 160 比特 / 秒的速度緩慢地傳回數據，傳一張照片可能都要幾十分鐘。當訊號到達地球時僅有 10 億億分之一瓦，只有口徑不小於 70 米的射電望遠鏡才能收集到足夠強的訊號。

由於「旅行者 1 號」攜帶的兩枚核電池電量也不是很多，最多能支撐到 2025 年，之後會徹底關閉並失去聯繫。

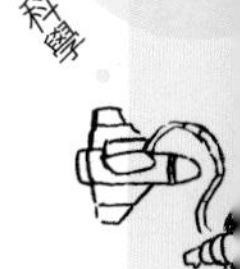

如何聯繫上國際太空站？

+

+

條件 1

太空站在同一個地區的天空中停留 10 分鐘左右。

條件 2

太空站無線電傳輸訊號頻率為 145.80 兆赫。

條件 3

需要有高約 2 米的天線。

下面的問題你思考過嗎？

1．被推離木星的地球能獲得逃離太陽系的第三宇宙速度嗎？

2．溫度驟降，大氣稀薄的地球與其他類地行星還有甚麼區別？

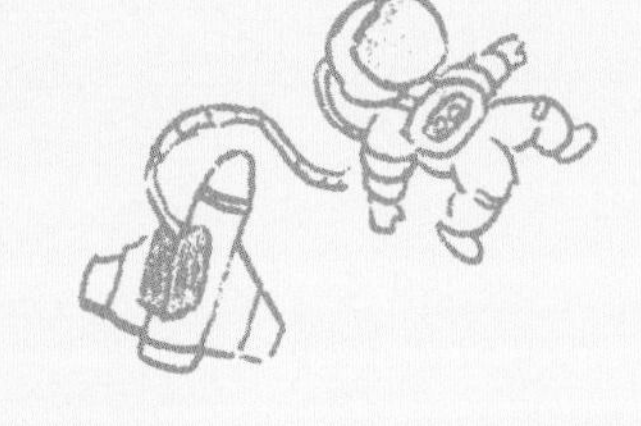

3．擺脫木星引力後，地球是否有可能再次受到土星、天王星等大型星體的威脅？

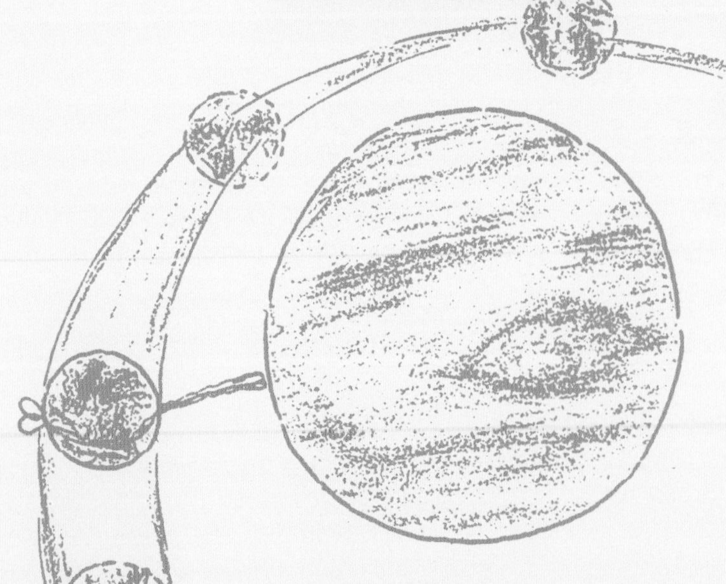

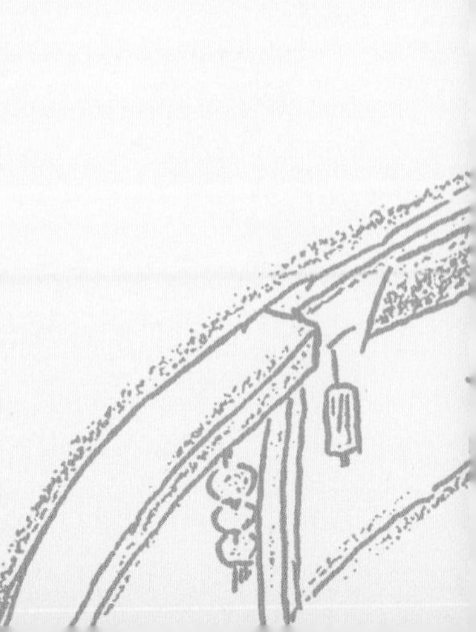

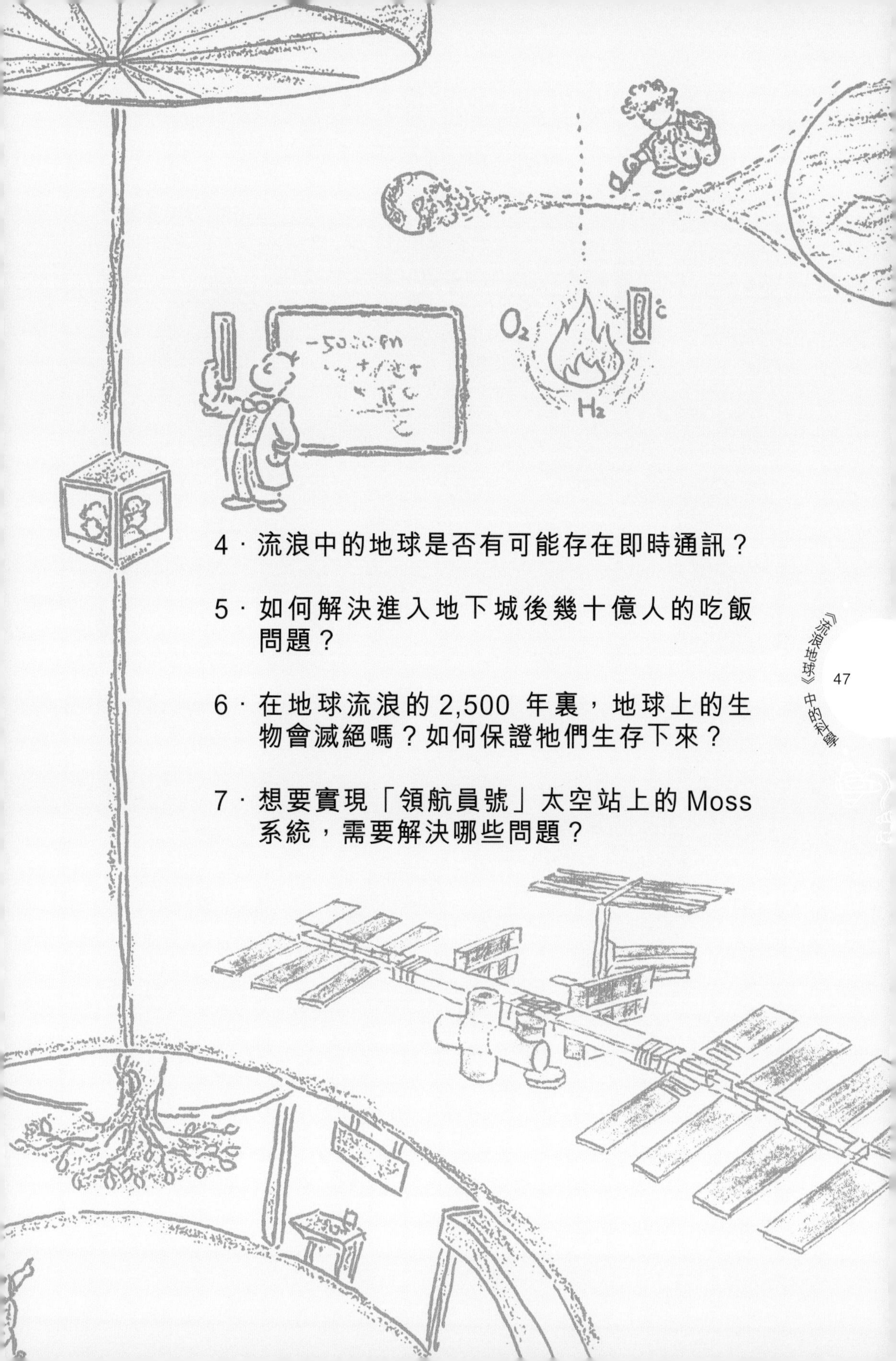

4．流浪中的地球是否有可能存在即時通訊？

5．如何解決進入地下城後幾十億人的吃飯問題？

6．在地球流浪的 2,500 年裏，地球上的生物會滅絕嗎？如何保證牠們生存下來？

7．想要實現「領航員號」太空站上的 Moss 系統，需要解決哪些問題？

《星際啟示錄》中大家最關心的問題是甚麼呢？

四年級XX班
那甚麼是蟲洞？
四維空間是怎麼回事？
……
這……你們把問題都列出來，我爸爸一定能夠回答。
在學校進行電影分享。
3

把大家最關心的問題都統計出來。
爸爸一定能幫同學們解答這些問題。
4

電影《星際啟示錄》由 2017 年諾貝爾物理學獎獲得者、加州理工學院全球頂尖理論物理學家基普·索恩擔任執行製片人和科學顧問。他為這部電影提供了可靠的科學保證。

在電影中，專業謹慎的科學知識貫穿始終。依據龐大的物理學知識體系，主創團隊打造出極其震撼的科幻場面。

*《星際啟示錄》（*Interstellar*, 2014）是由 Lynda Obst 監製，Christopher Nolan 導演，Matthew McConaughey、Anne Hathaway 和 Jessica Chastain 等主演，並由派拉蒙影業、傳奇影業及華納兄弟影業出品的科幻電影。

02
黑洞
04
星際移民
計劃
05
米勒星球
蟲洞
03
多維空間
06

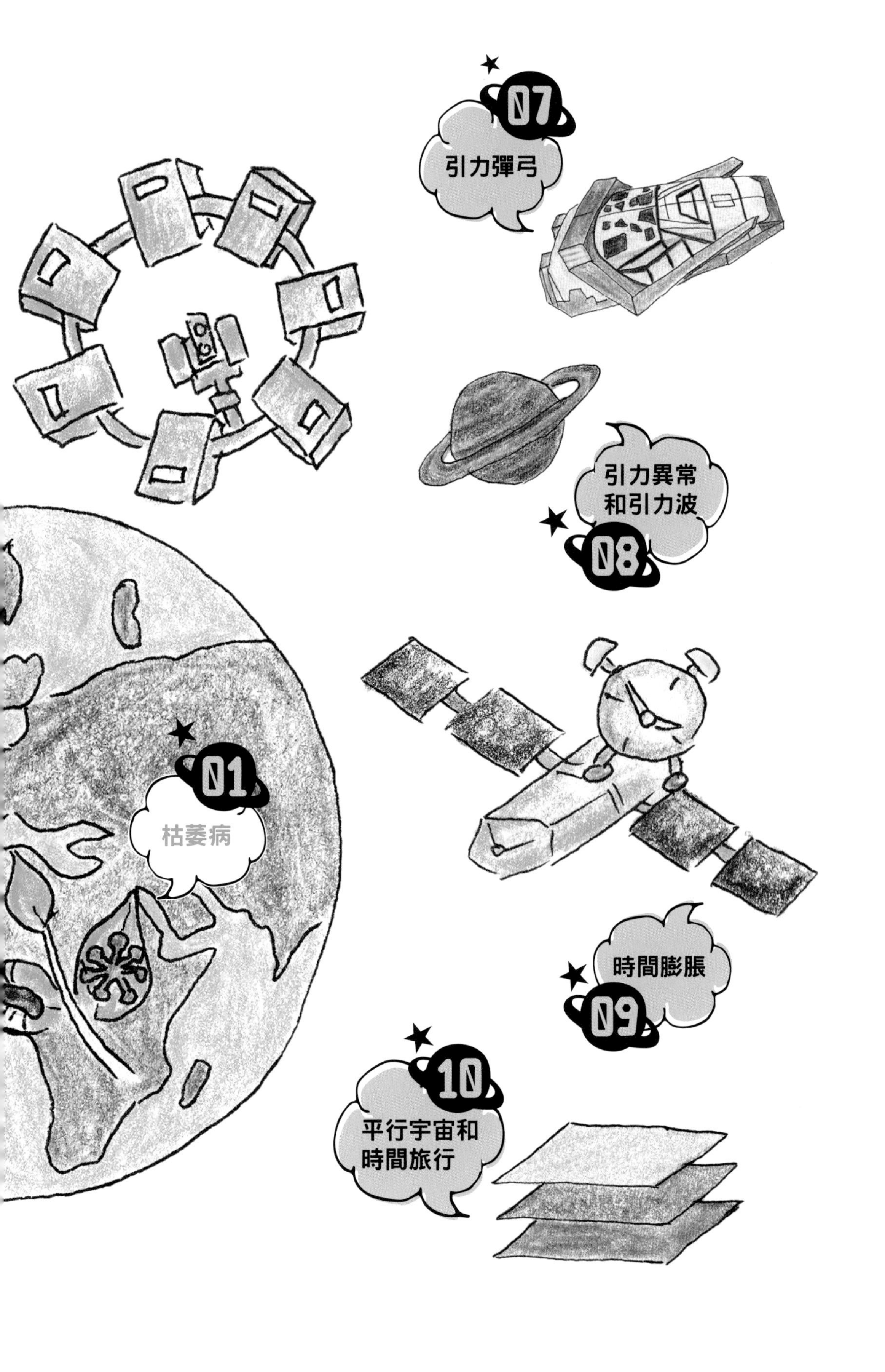
07
引力彈弓
引力異常
和引力波
08
01
枯萎病
時間膨脹
09
10
平行宇宙和
時間旅行

地球危機的可能性：認識枯萎病

枯萎病是對多數由真菌或細菌等病原體導致植物莖、葉、花、果凋萎甚至死亡的疾病的泛稱。

大多數枯萎病都是針對某一特定物種的，但也有可能存在對多個物種甚至所有植物都具有致命性的泛型枯萎病，比如攻擊葉綠體的病原體引發的枯萎病。

枯萎病真的能導致植物滅絕嗎？

黑葉斑病曾經導致了世界範圍內香蕉減產50%。香蕉巴拿馬病，在 20 世紀直接導致了一個香蕉品種大米歐爾的滅絕。2010-2011 年，柑橘黃龍病導致美國佛羅里達州柑橘減產 44,000,000 箱，佔預計產量的 24%。

特型枯萎病通常是高致命的，足以消滅特定植物種群中 99% 的植物。

如何防治枯萎病？

農業措施 清理病株殘體，設立隔離帶，切斷病原的傳播途徑，防止擴散。

生物防治 利用生物或其代謝產物來控制農業危害。

培育抗病品種 通過雜交、誘變、轉基因育種等方式，培育抗病品種。

化學防治 使用靶向性化學製劑，預防或殺滅病原體。

認識氧循環

呼吸作用、燃燒和腐敗過程都會消耗大氣中的氧氣（O_2）。植物中的葉綠體通過光合作用能把二氧化碳（CO_2）和水分解為有機物和氧氣。

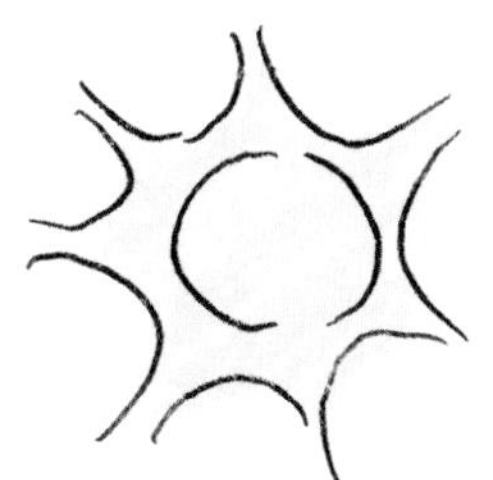

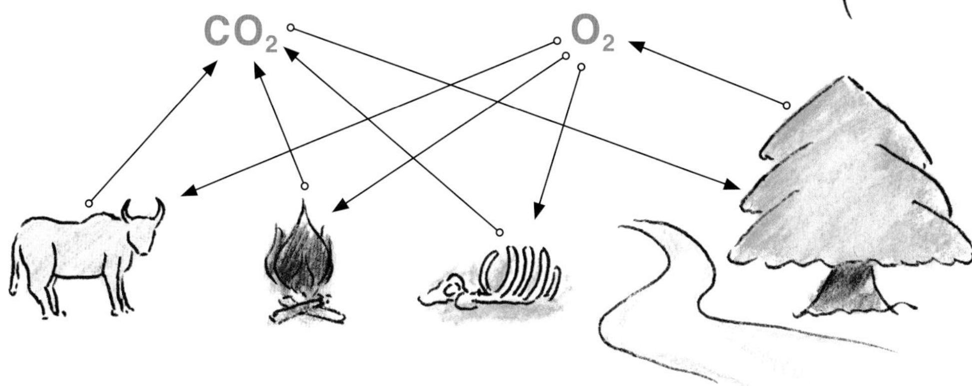

氧氣會被消耗完嗎？

在太陽風的作用下，地球大氣每年要損失 5,000,000 噸氧。而地殼中的氧元素幾乎佔地殼總質量的一半。地球上的氧氣僅有 10% 是由陸地上的綠色植物提供的，90% 來源於海洋以及地殼深處。再加上太陽光分解水蒸氣產生的氧氣，氧氣在大氣中的佔比始終保持在 1/5 左右。在沒有大災難的情況下，不必擔心氧氣被用光。

氧氣含量下降的後果

大氣中二氧化碳含量達到 0.2%，就足以讓敏感人群感到呼吸不暢。氧氣含量低於 5%，人類將無法生存。

0.2% 的大氣二氧化碳含量可以使地球溫度上升 10℃。

如果地球上的氧氣含量持續降低，隨着時間的推移，地球上的生物都會變小，壽命也會變短。

黑洞是由彎曲的時間和彎曲的空間構成，被「事件視界」的二維空間包裹着，簡稱「視界」。沒有東西可以逃離黑洞，甚至包括光，這也是黑洞如此漆黑的原因。黑洞的表面積和質量成正比質量愈大，表面積愈大。

視界

進入視界時，時間的流逝極為緩慢，物體甚至是光一旦進入黑洞就再也出不來了。

空間彎曲

黑洞的空間塌陷程度，影響着黑洞的直徑，也同時影響着黑洞的質量。 我們可以用顏色的變化來顯示觀察者在距黑洞視界某個高度盤旋時，所測得時間變慢的程度。在最下面的黑色圓環上時間停滯，這裏也就是視界。

奇點

奇點是一個非常小的區域。在奇點處，空間會產生「無限扭曲」，任何已知物體都會被拉伸和擠壓得無法存在。

黑洞自旋

黑洞會拉動周圍的空間進行漩渦式的回旋運動，愈靠近黑洞的中心，空間回旋就變得越來越快，在視界附近這種拖拽將無法抗拒。

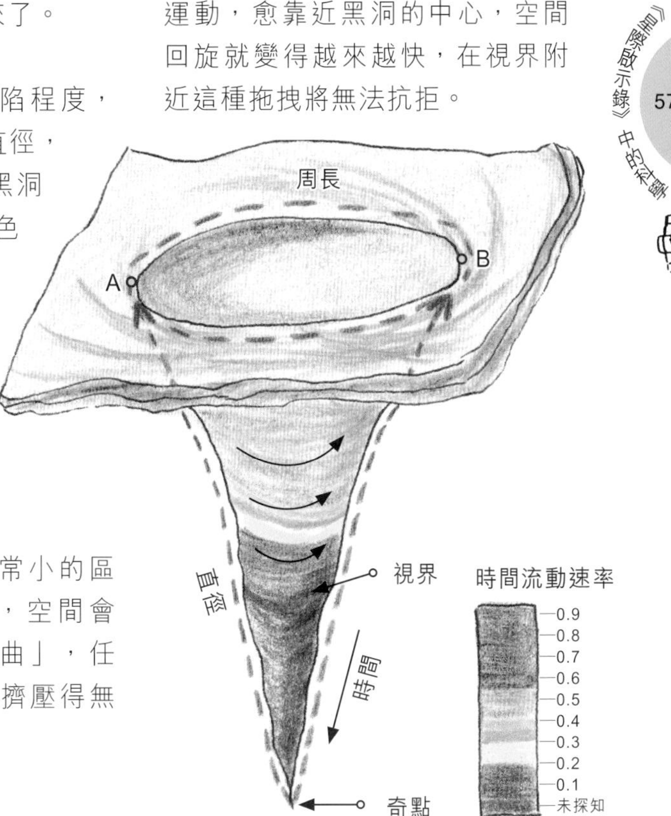

愛因斯坦的時間彎曲理論

任何事物都傾向於去往時間流逝最慢的地方——引力會將其拉向那個地方。

時間流逝得愈慢，引力就愈強：

- 在地球上，時間每天只會變慢幾微秒，引力適中。
- 在中子星的表面，一天裏時間的流逝會比在地球上慢幾個小時，那裏的引力非常強。
- 在黑洞的視界面，時間流逝已經停止，所以那裏的引力非常大，以至於沒有任何東西可以逃離，包括光。

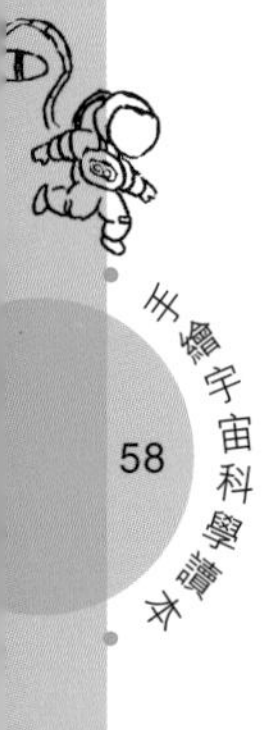

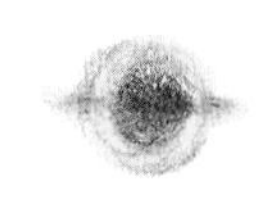

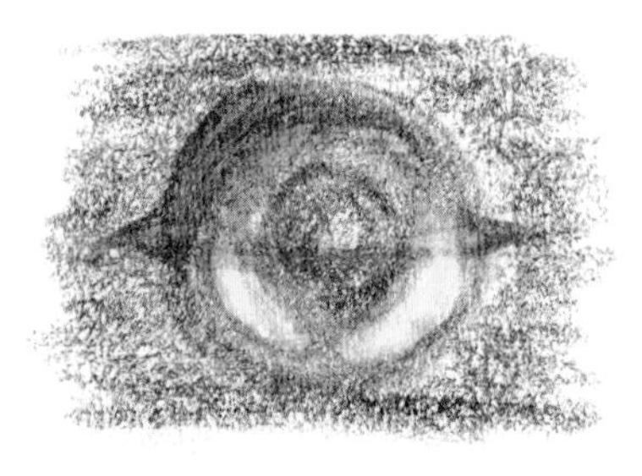

恒星級質量黑洞

大質量恒星內部無法抵抗引力，向內坍塌形成黑洞。質量範圍可達到太陽質量100倍。2015年9月14日，引力波探測首次發現此類黑洞。

中等質量黑洞

質量介於恒星級質量黑洞和超大質量黑洞之間。

超大質量黑洞

坐落於星系中心，質量範圍可以從1,000,000倍到幾百億倍太陽質量，被認為在每個星系中心都存在。

2019年4月10日，人類使用事件視界望遠鏡（EHT）首次拍攝出黑洞的照片。EHT是一組全球分佈的射電望遠鏡陣列，可以將望遠鏡有效口徑擴大到地球半徑大小，分辨率達到超大質量黑洞的視界大小。

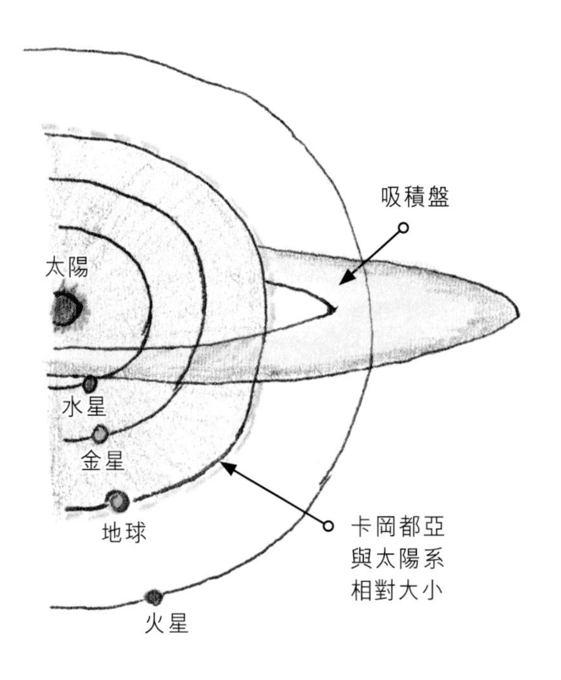

卡岡都亞黑洞

卡岡都亞（Gargantua）是一個質量相當於 1 億倍太陽質量的超大質量黑洞。它距離地球 100 億光年，被幾顆行星環繞。卡岡都亞自轉的速率只比光速慢 1,000,000 億分之一。

卡岡都亞的吸積盤包含氣體與塵埃，溫度與太陽表面相當。這個盤為圍繞着卡岡都亞旋轉的行星提供了光和熱。

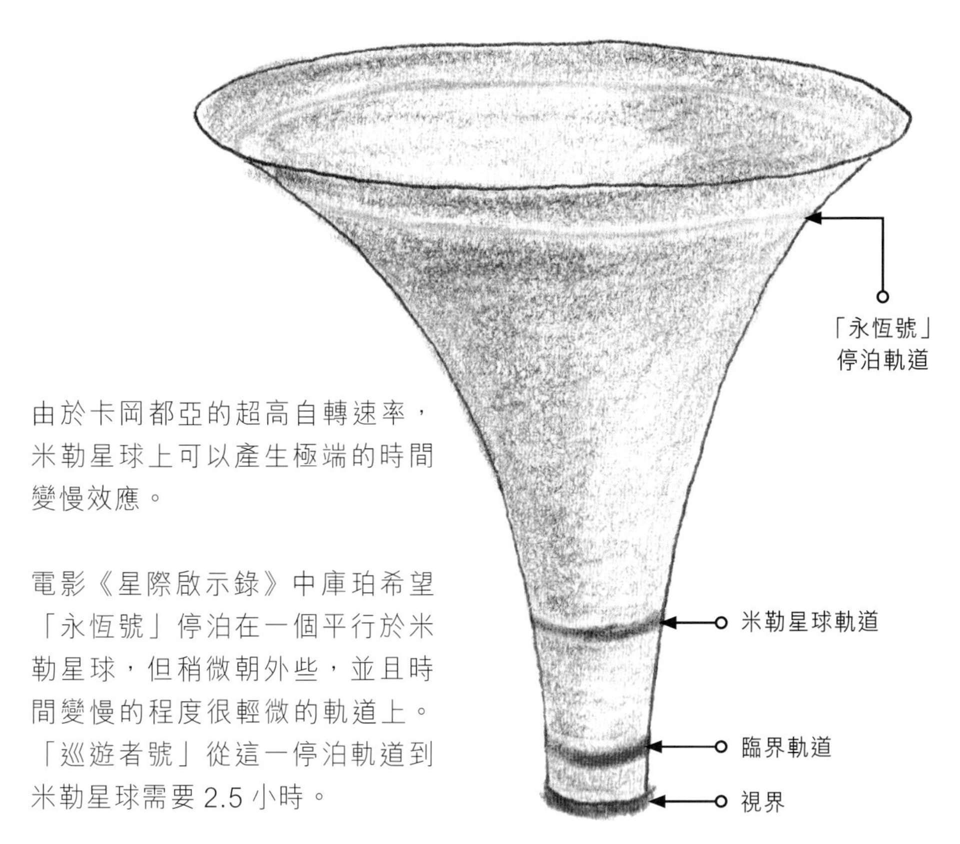

由於卡岡都亞的超高自轉速率，米勒星球上可以產生極端的時間變慢效應。

電影《星際啟示錄》中庫珀希望「永恆號」停泊在一個平行於米勒星球，但稍微朝外些，並且時間變慢的程度很輕微的軌道上。「巡遊者號」從這一停泊軌道到米勒星球需要 2.5 小時。

宇宙中蟲洞這一概念源自蘋果中的蟲洞。對於蘋果上的蟲子來說，蘋果的表面是它的整個宇宙。如果蘋果中有一個蟲洞，那麼蟲子從蘋果表面的一點到達另一點就有兩條路徑，分別是沿蘋果表面的路徑和穿過蟲洞的路徑。

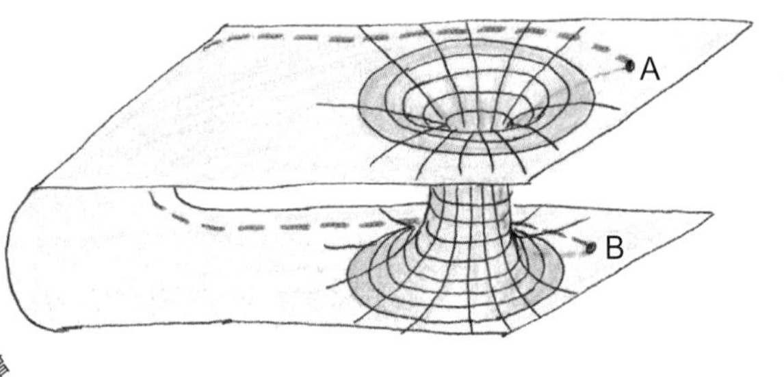

如果我們的宇宙是一個二維平面，那麼從A點到B點就有了兩條不同的路徑。在三維的空間中蟲洞的入口表現為曲率變化的同心圓，在現實的宇宙中則是一系列嵌套在一起的同心球殼。

蟲洞是如何形成的？

誕生、膨脹、連通

斷開、收縮

蟲洞形成之初，宇宙中有兩個相互獨立的奇點。隨着時間的流逝，兩個奇點在宇宙的高維空間裏連通起來，形成了蟲洞。之後，蟲洞的周長不斷膨脹，然後又開始收縮斷開，最後恢復成兩個獨立的奇點。

誕生、膨脹、連通、收縮和斷開的過程都是在極短的時間內完成的，沒有任何東西能夠在如此短的時間內穿越蟲洞，包括光。

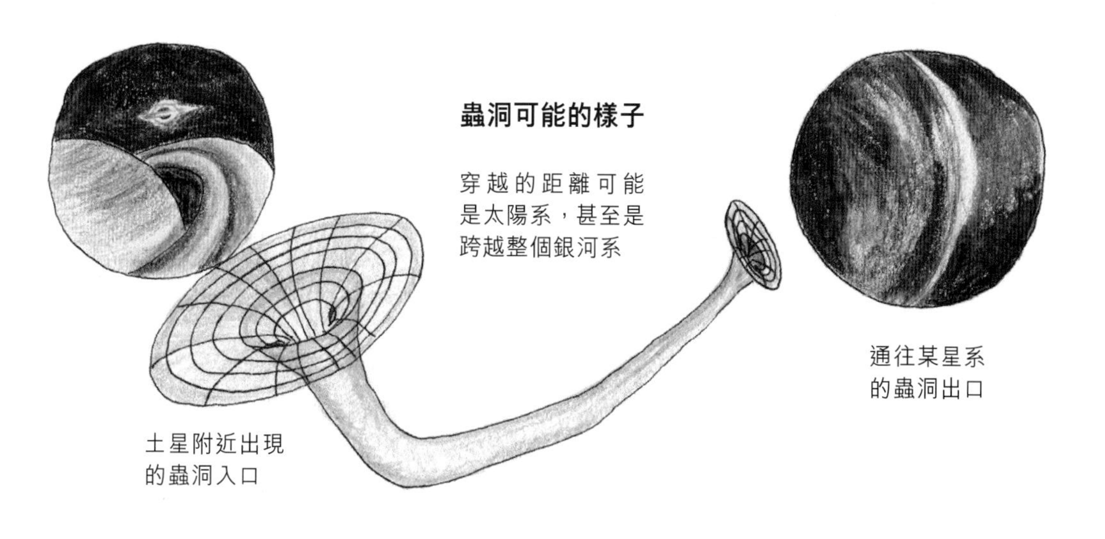

能否製造出一個可穿行的蟲洞？

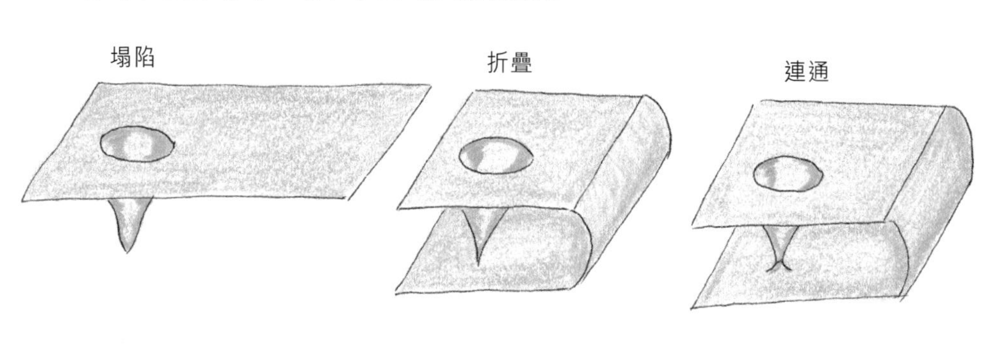

從表面上看，製造一個蟲洞只需要上面的三個步驟，但實際上卻複雜得多。一個可以穿行的蟲洞一定要由某種具備負能量的物質支撐。這些物質的能量至少要和光束穿行蟲洞時所承受的負能量相當。目前的研究表明，可穿行的蟲洞也許是不可能存在的。

《星際啟示錄》的科學顧問基普·索恩認為：「一個超級發達的文明是製造出穩定的可穿行蟲洞的唯一希望。」

電影中的蟲洞是一個中等透鏡寬度的短蟲洞，它的長度只有普通蟲洞半徑的 1%，蟲洞的透鏡寬度也被設定為中等大小，大概是蟲洞半徑的 5%。

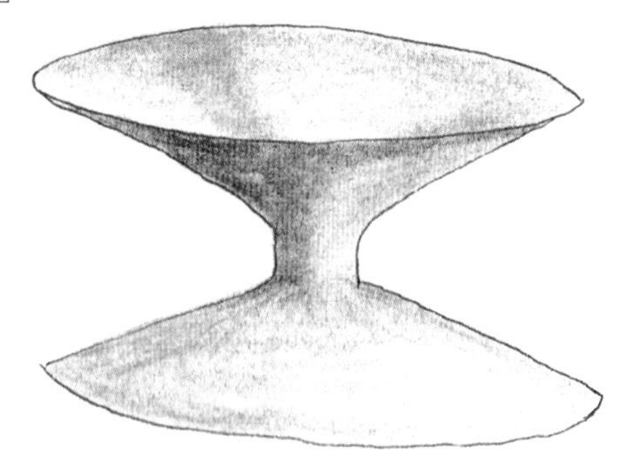

計劃 A

用巨大的太空移民飛船尋找適合人類居住的行星，將人類整體移民到新的家園。

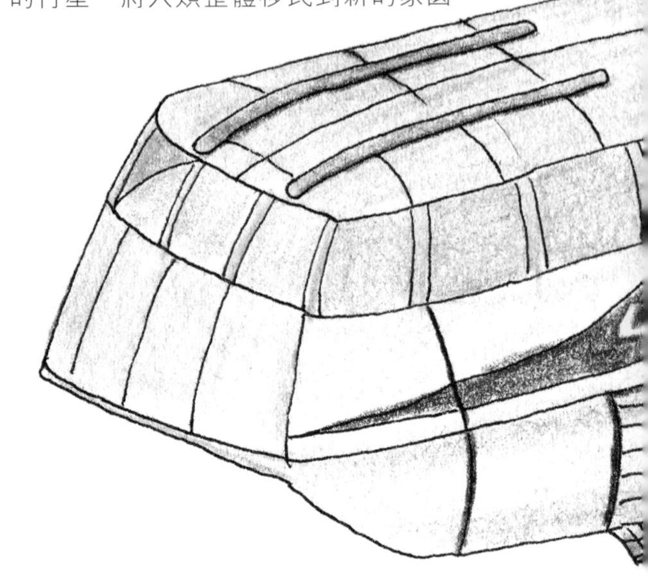

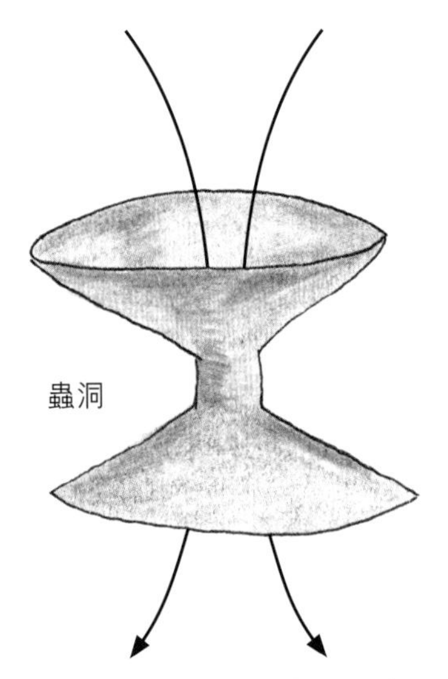

要實現計劃 A，至少要建造可以承載幾千人甚至上萬人的巨型飛船，但這麼巨大的設施怎麼能離開地球呢？

引力異常給這個計劃提供了可能性，如果人們可以控制引力，那麼再大的飛船也可以飄浮在太空中。

地球的引力

用牛頓的平方反比定律確定，g=Gm/r2：

- r2 是到地球中心距離的平方
- m 是地球的質量
- G 是牛頓引力常數

如果把引力常數 G 減小到一半，那麼地球的引力也將減半；如果 G 減小到原來的 1/1,000，那麼地球的引力也會減小到原來的 1/1,000。

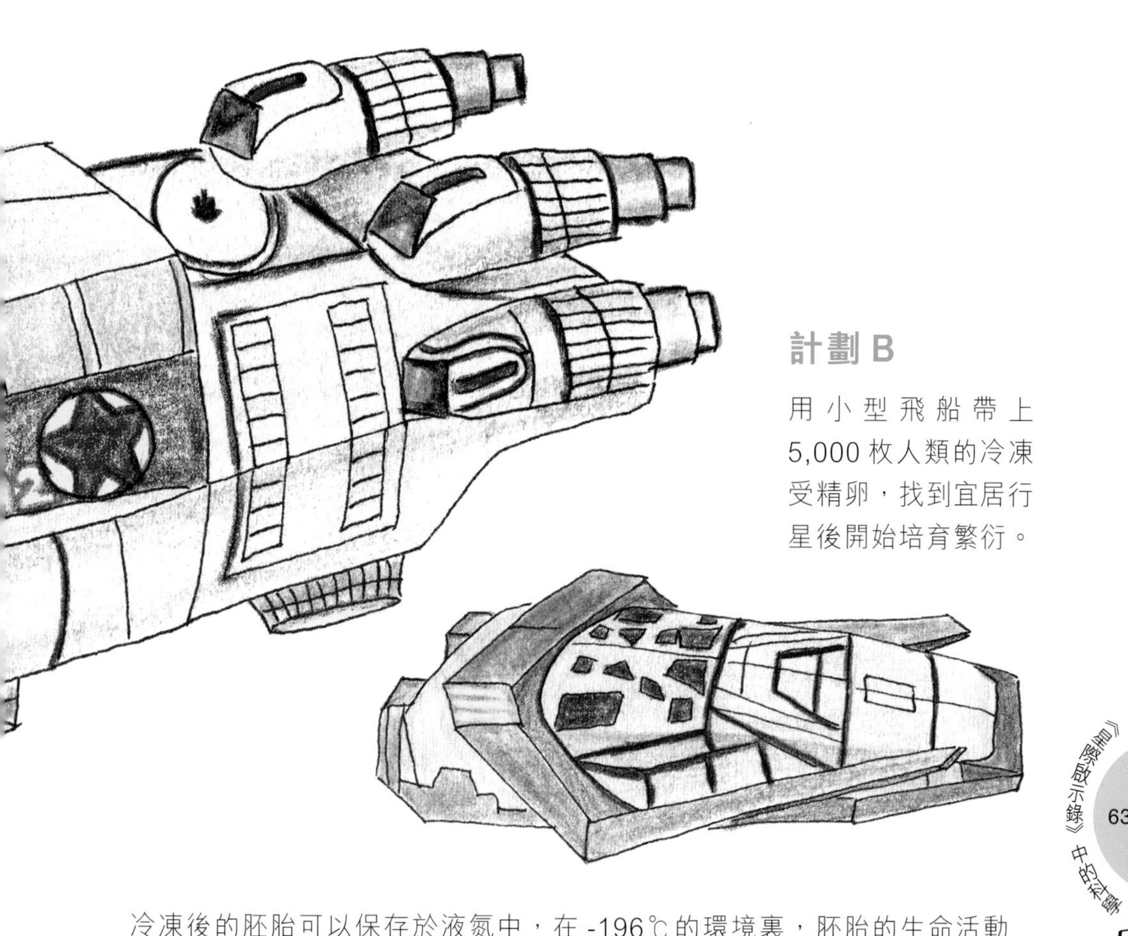

計劃 B

用小型飛船帶上 5,000 枚人類的冷凍受精卵，找到宜居行星後開始培育繁衍。

冷凍後的胚胎可以保存於液氮中，在 -196℃ 的環境裏，胚胎的生命活動幾乎停止，理論上能夠存放百年之久，並且凍存時間長短不會影響胚胎質量。

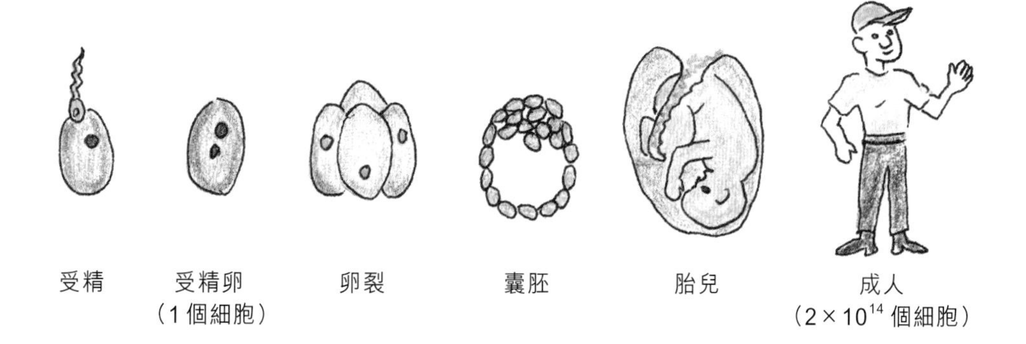

胚胎冷凍技術自出現至今只經過了大約 20 年，解凍後，絕大部分胚胎能夠恢復冷凍前的狀態，並重新開始活躍的生命活動。

05 米勒星球

奇特的米勒星球存在的可能性

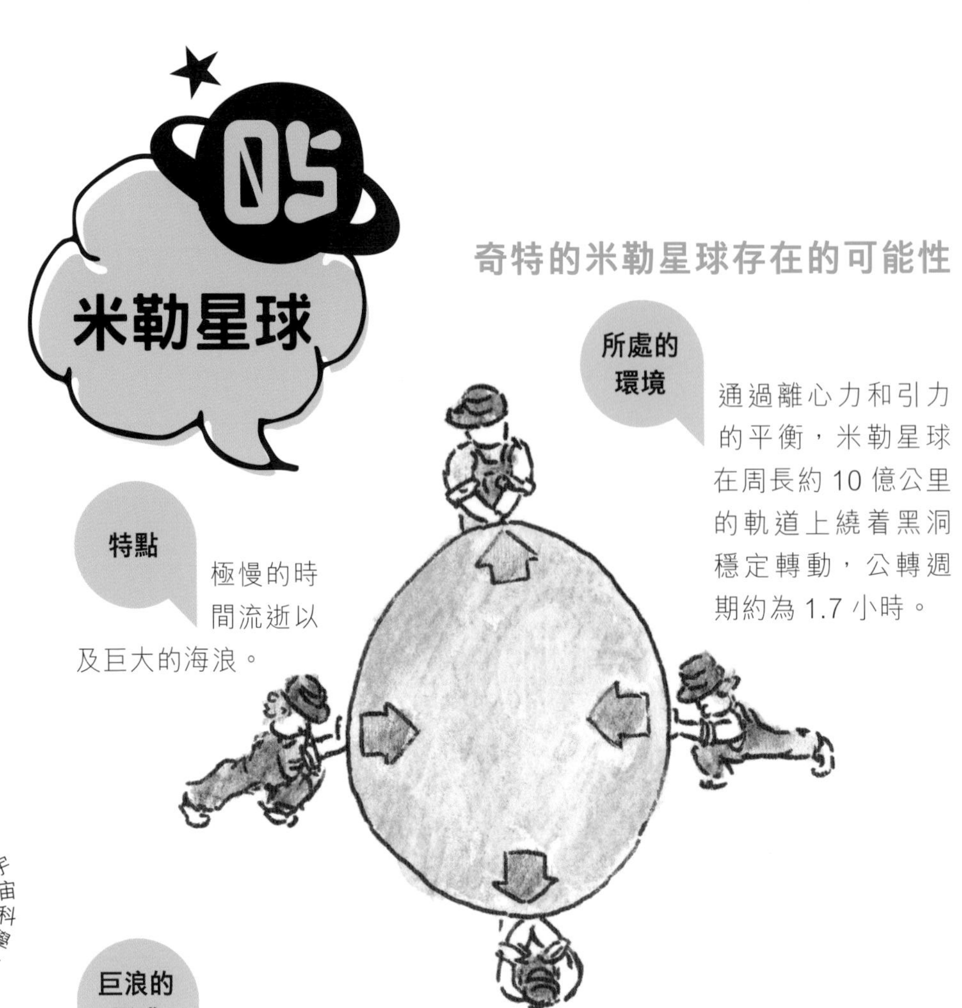

所處的環境

通過離心力和引力的平衡，米勒星球在周長約 10 億公里的軌道上繞着黑洞穩定轉動，公轉週期約為 1.7 小時。

特點

極慢的時間流逝以及巨大的海浪。

巨浪的形成

米勒星球離黑洞很近，近乎達到極限。巨大的潮汐力使米勒星球在朝向黑洞的方向上被拉伸，在與黑洞連線垂直的方向上被擠壓。潮汐力對米勒星球的拉伸和擠壓強度反比於黑洞質量的平方。黑洞質量愈大，施加的潮汐力愈弱。因此黑洞質量至少為太陽質量的 1 億倍，否則米勒星球將被潮汐力撕裂。

地球上的「巨浪」

湧潮一般發生在平坦的大河入海口，當大海開始漲潮時，河流上會形成一堵「水牆」。著名的錢塘江大潮就是由月球潮汐力造成的。

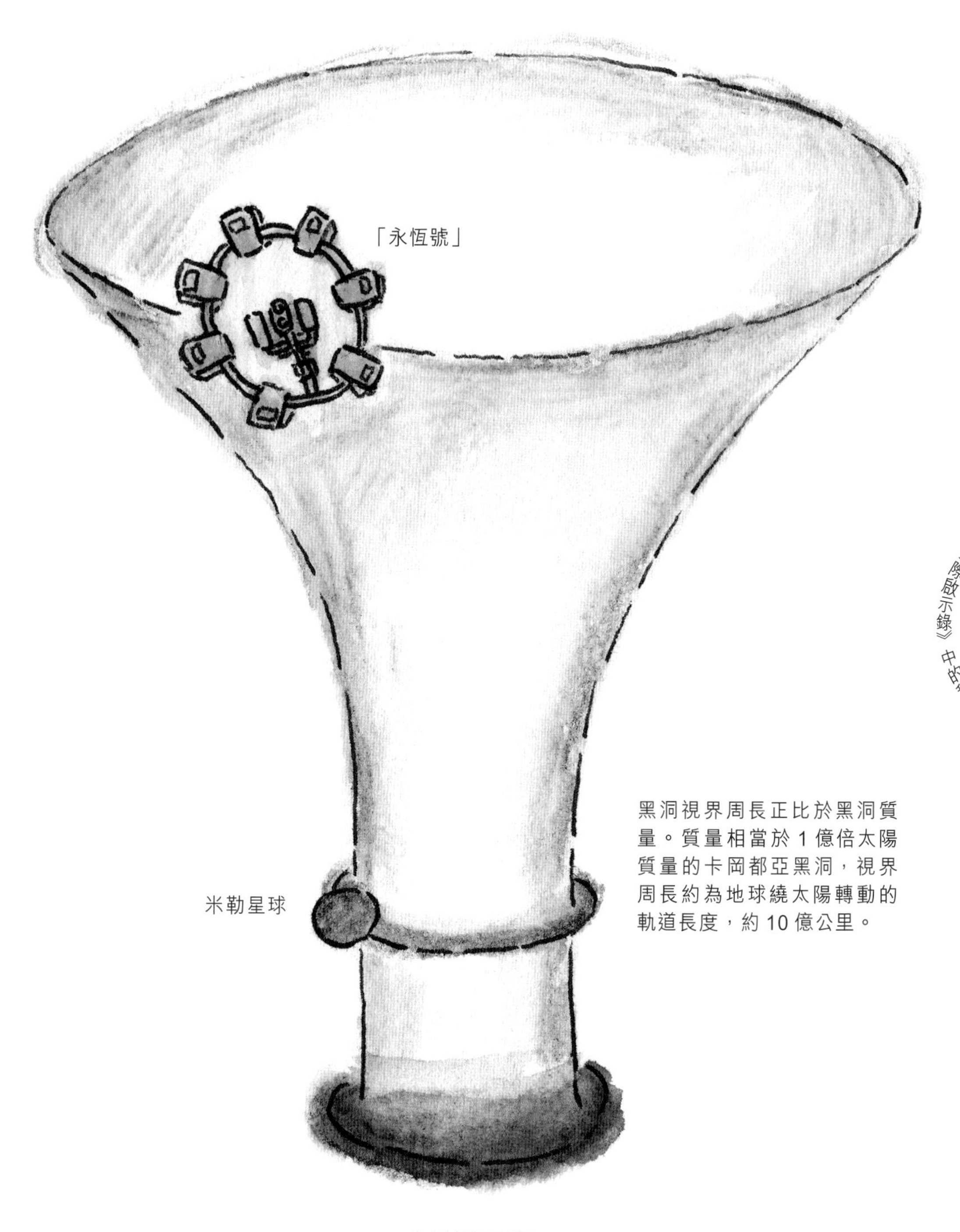

黑洞視界周長正比於黑洞質量。質量相當於 1 億倍太陽質量的卡岡都亞黑洞，視界周長約為地球繞太陽轉動的軌道長度，約 10 億公里。

卡岡都亞黑洞

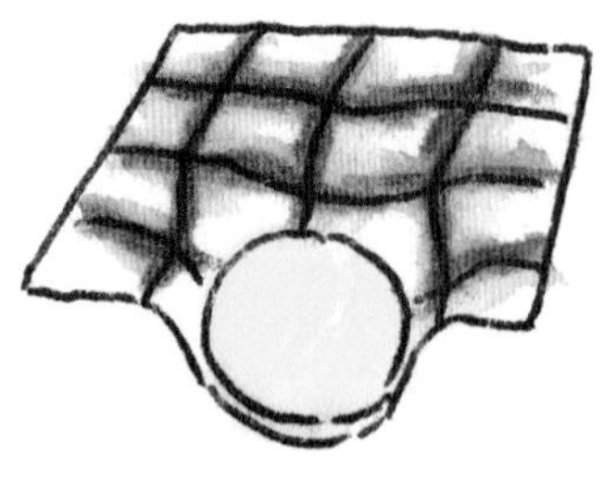
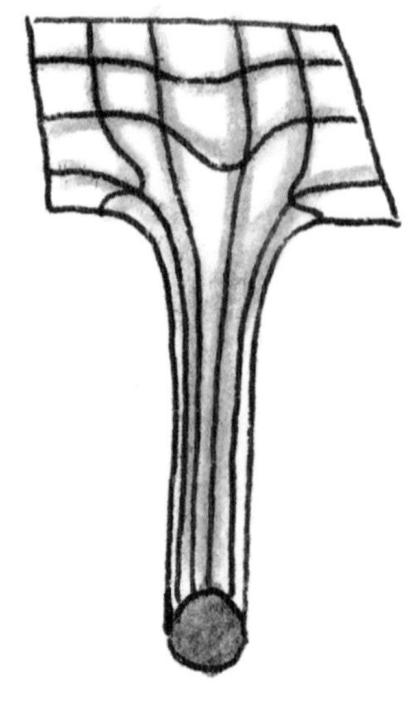

如何做到「天上一時，地上七年」？

如果米勒星球在不落入黑洞的情況下盡可能接近它，並且旋轉得足夠快，同時黑洞的自旋速度也極快，那麼「天上一時，地上七年」是可能實現的。

米勒星球的 1 小時等於 7 年的原因

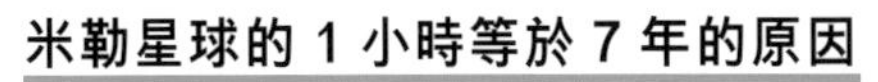

引力時間膨脹效應是由強烈的引力效應造成的。根據廣義相對論，物體會導致周圍時空發生彎曲，時間在引力愈強的地方相對流逝得愈慢。運行在距離地表 20,000-30,000 公里衛星，對它們而言的 1 天會比地球表面的 1 天多數十微秒。在高速自轉的米勒星球上，時間過得比地球更慢。

米勒星球奇特時空的可能性

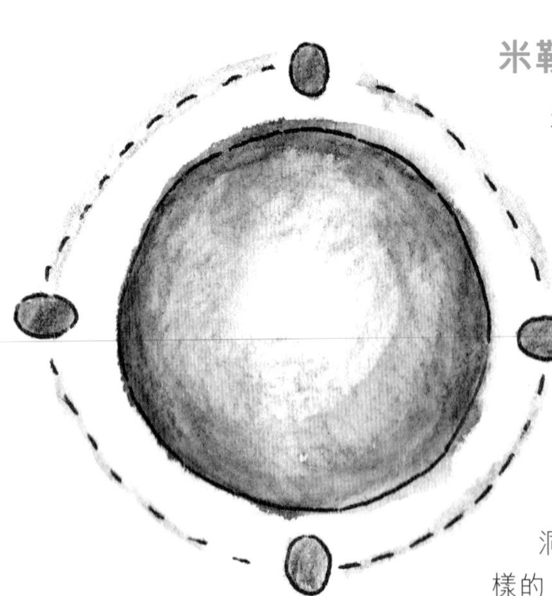

米勒星球的公轉速度幾乎達到光速的一半。考慮到時間變慢，太空人觀測到的公轉週期應縮短至 1/60,000，即 0.1 秒，也就是每秒轉 10 圈。由於黑洞快速自旋所產生的回旋空間的存在，相對於行星所在的旋轉空間，在米勒星球的當地時間，行星速度並沒有超過光速。米勒星球永遠保持同一面朝向黑洞，所以它的自轉和公轉速率是一樣的，都是 10 圈 / 秒。

認識多維空間

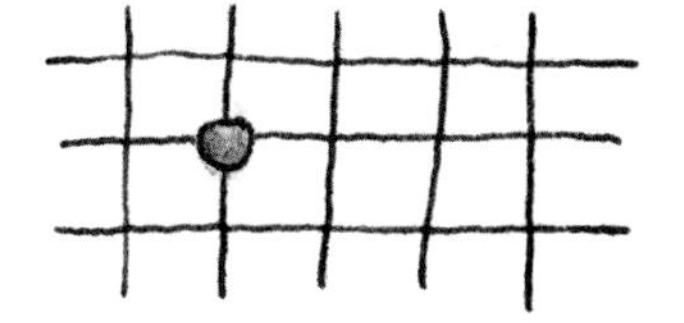

零維空間

零維空間和幾何意義上的點一樣，它沒有大小、沒有維度、沒有空間、沒有時間。

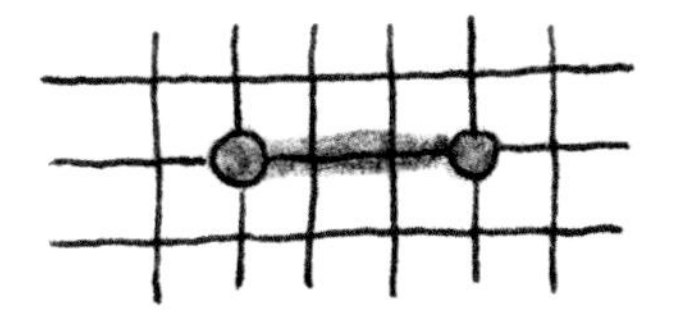

一維空間

在兩點之間連一條線，可構造出一維空間。一維空間只有長度，沒有寬度和深 A 度。

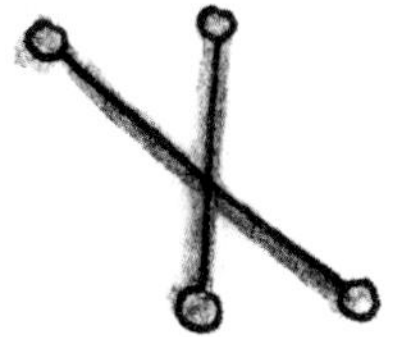

二維空間

二維空間裏的物體有寬度和長度，但是沒有深度。可以將它理解成撲克牌 J,Q,K 裏的畫像那樣的紙片人。

三維空間

我們生活在具有長度、寬度與高度的三維空間中。在二維紙面上須橫穿整張紙才能到達另一頭，但把紙捲起來，只要走過接縫即可到達。也就是說給二維空間增加一個維度，就得到了三維空間。

四維空間

四維比三維多出時間這一維度。將人的一生看成無數個點，用時間維度連接則構成了四維空間。我們作為三維生物，只能看到四維空間的截面，也就是此時此刻的世界。

時間線 1

時間線 2

五維空間

在四維空間時間線的基礎上，再加上一條時間線，和這條時間線交叉，增加一個維度，就構成了五維空間。比如你大學畢業，可能選擇當職業運動員，也可能選擇當教師。在四維空間中你只能看到你的某一個時間線上的職業選擇。而在五維空間中你可以看到你不同的分支。

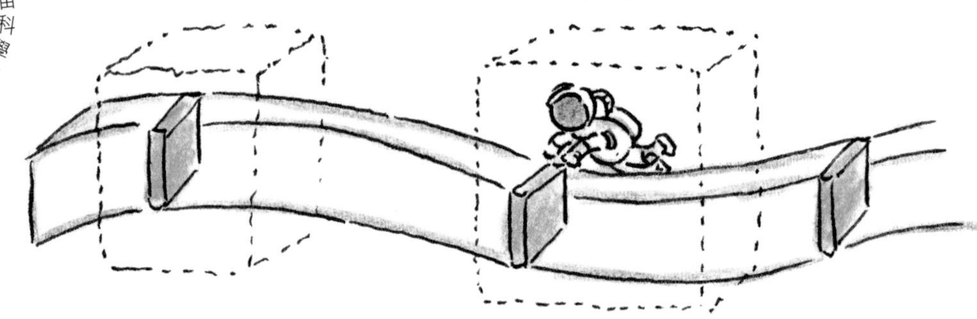

不同維度間可以交流嗎？

高維度對低維度可以進行單方面的訪問，而低維度想要了解高維度必須是雙向的。

在電影《星際啟示錄》中通過書的掉落展現隱藏的信息。書架上的書在時間線上的延伸體的變化稱為書的「世界管」。推動一本書，就會產生一個引力信號，該引力信號逆時間穿越到臥室所處的時刻，作用在書的世界管上，造成世界管的移動，書就會掉下書架。不同維度間可以通過引力來傳遞信息。

從五維空間中逃離的可行性

當五維空間關閉時，太空人被彈到了三維空間中的投影位置，而出現的這個位置與時間，無論五維空間在甚麼時候關閉都不受影響。

如同一個三維球穿過一個二維平面空間，在二維平面上看到的是三維球的二維橫截面的變化，從一個點擴張成最大的圓，再縮小成一個點。

還有更高維度的空間嗎？

低維度生物不能意識到高維度空間發生的事情。
低維空間可以通過增加維度產生高維空間。

六維空間是指與這個宇宙具有相同初始條件，但不同後期演化的所有可能宇宙的集合；

七維空間是指初始條件也不同的所有宇宙的集合；

八維空間可視為不同宇宙的可能性集合；

九維空間可視為可以隨便改變的宇宙；

十維空間則是所有的一切的一切的一切。

「巡邏者號」在落到米勒星球附近時，借助於一個中等質量的中子星的引力效應降低速度並改變了軌道方向，這個過程稱為「動力學摩擦」。

引力彈弓原理

引力彈弓利用行星或其他天體的相對運動和引力改變飛行器的軌道和速度的原理，有助於節省燃料、時間和計劃成本。

被探測天體的質量、探測器的飛掠高度和相對速度，使其軌道發生一定程度的偏轉。探測器的飛入角大小會改變其速度。

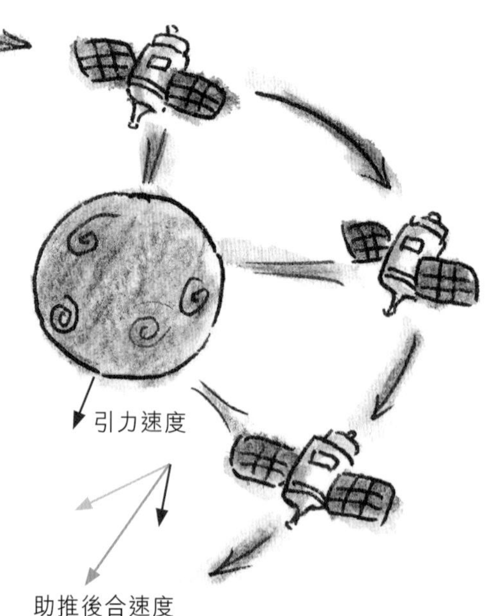

以加速過程為例，飛行器進入行星引力範圍迎面駛向行星，繞過行星背面被其引力往前一拉，掉頭離開行星引力範圍。行星巨大質量產生的引力將為飛行器進行助推，若將飛行器質量考慮進去的話，行星是會有微弱減速的。同樣，只要將飛行器「迎面飛來」換成「身後超車」，就可以減速了。

引力彈弓原理的局限性

行星和其他大質量天體並不總是在助推的理想位置上。例如 20 世紀 70 年代末，「旅行者號」得以成行的重要原因是當時木星、土星、天王星和海王星都將運行至助推的理想地點，形成了一個隊列。類似的隊列將要到 22 世紀中期才會再次出現。

如果飛行器過於接近行星，損耗在行星大氣的能量將會大於其從行星引力助推中獲得的能量。

利用引力彈弓原理的飛船

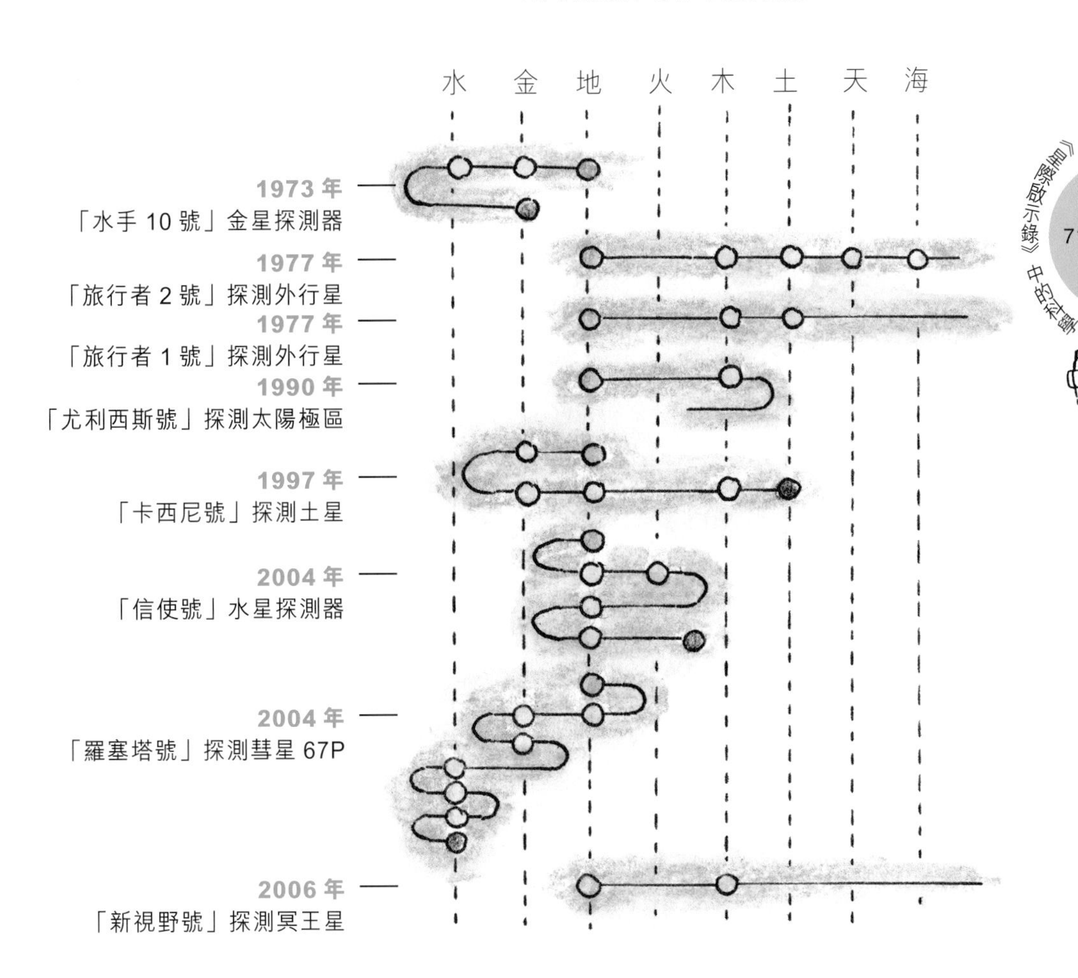

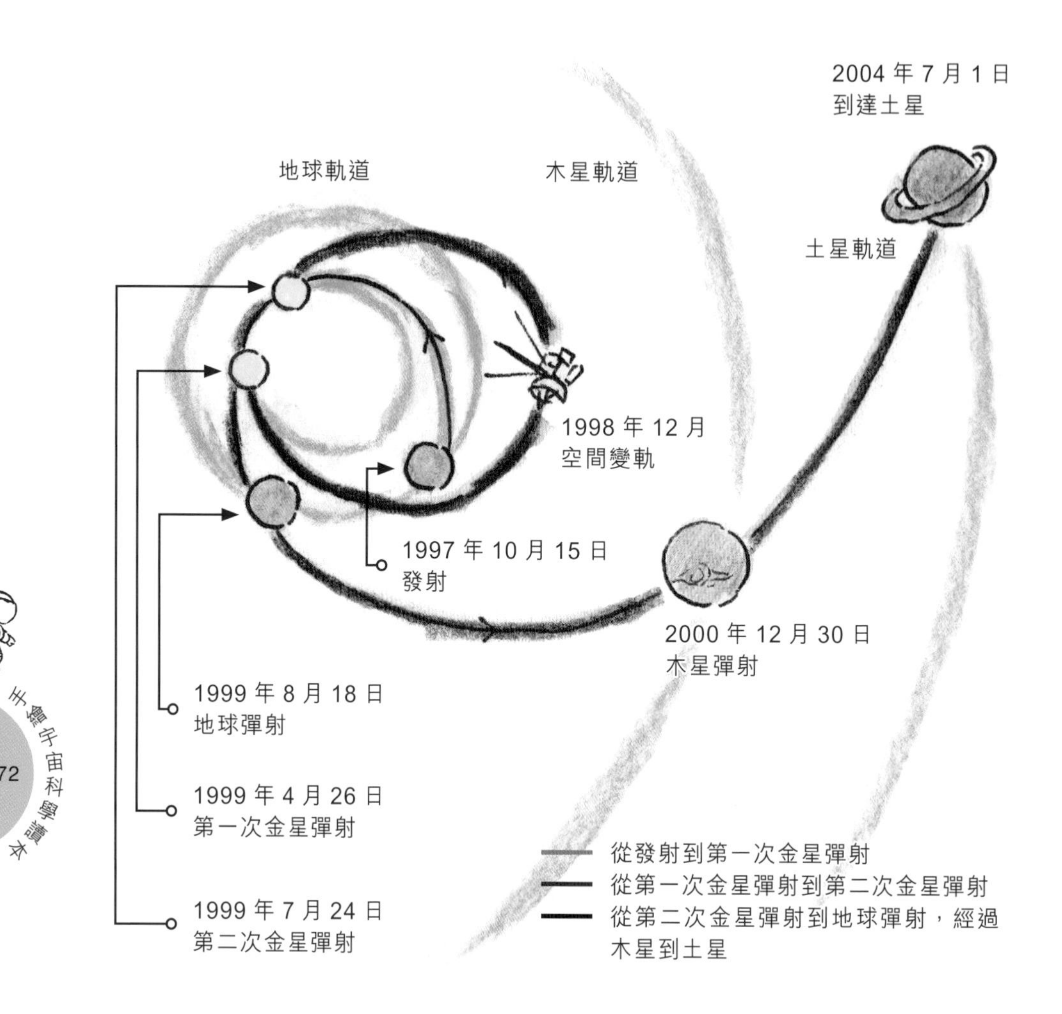

現實中的「巡邏者號」

「卡西尼號」探測器堪稱現實中的「巡邏者號」在只攜帶了很少燃料的情況下，經過金星、地球、木星的引力彈弓作用，獲得了足以彌補燃料不足的動能。

金星、地球由於質量小、引力弱，只能提供小偏轉；木星可以提供很大的引力，但「卡西尼號」只需要微小偏轉就可抵達土星，若提供太大偏轉，反而會被送到錯誤的航向上。

三次引力異常帶來的發現

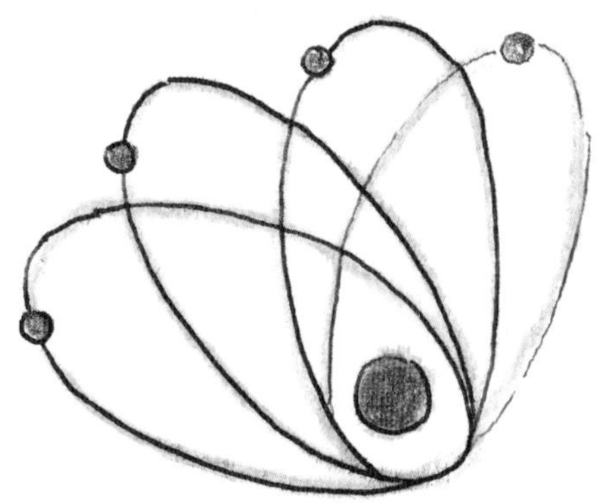

1859 年，科學家發現水星軌道的近日點不是固定的，而是不斷移動的，軌道看起來像是花瓣一樣的曲線，而非嚴格的橢圓曲線。

幾十年之後，愛因斯坦發現了引力以及引力帶來的時空彎曲，利用廣義相對論計算了水星軌道移動的異常，結果與觀測非常符合，誤差極其微小，證實了廣義相對論是正確的。

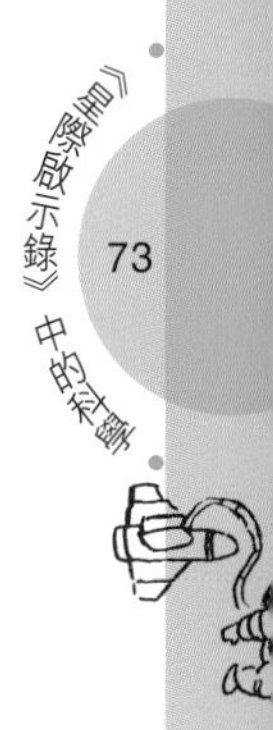

1933 年，天文學家發現了一個高速旋轉的后髮座星系團，而觀測到的發光物質只佔總質量的 1%，不足以支持星系的旋轉。也就是說，存在看不見的暗物質。因為質量會引起光線的彎曲，那麼這團質量就好像是一塊玻璃透鏡一樣，遠處發來的光被透鏡彎折了，所以我們看到的星系就會變形。

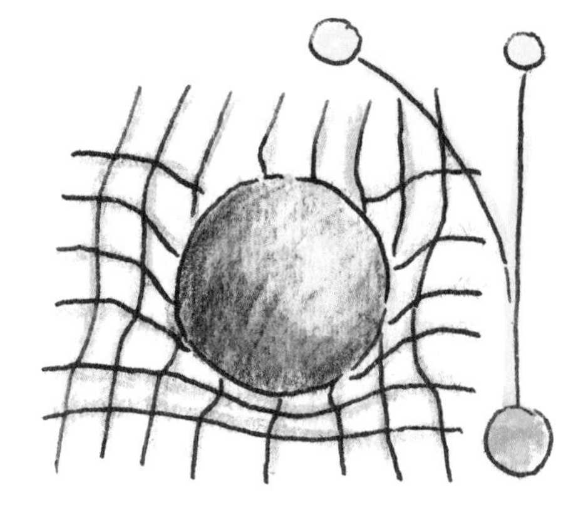

1998 年，有兩組獨立的天文學家觀測超新星，發現了宇宙是在加速膨脹的。科學家猜測存在暗能量，有質量和有引力透鏡效應，推着宇宙不斷地加速膨脹。

電影中的引力異常

- ✦ 沙塵暴留下二進制地理坐標的有規律灰塵。
- ✦ 受引力異常影響而失控低飛的無人機。
- ✦ 通過操縱引力在手錶上以指針擺動傳遞黑洞數據。

如何通過引力波發現蟲洞？

中子星—黑洞雙星系統在蟲洞另一端向外不斷傳播引力波。一小部分引力波被蟲洞捕獲，通過蟲洞，向外四散傳播穿過太陽系，地球引力波探測器可以設法捕獲這一部分引力波。

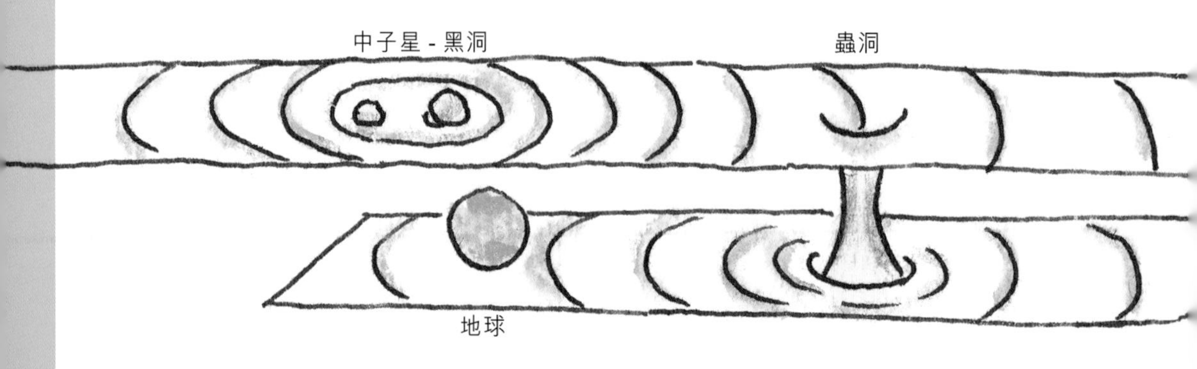

甚麼是引力波

引力波是一種時空漣漪。時空命令物質如何運動，而物質引導時空如何彎曲。當物質的分佈改變時，時空也會相應變化。這一變化以光速傳播開去，就好像在平靜的湖面上丟下一粒小石子，湖面就會有一圈波浪向外蕩去，時空也會將漣漪向外傳開。

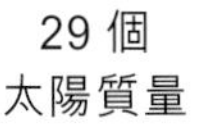

發現引力波

2016年2月11日，LIGO小組宣佈人類首次直接探測到引力波，引發這波「漣漪」的是距離我們約13億光年的黑洞和黑洞併合事件。

引力波探測器由多面大鏡子組成，位於兩條相互垂直的探測臂上。引力波穿過探測器時，會拉扯一條探測臂同時擠壓另一條探測臂。通過激光干涉技術檢測探測鏡振盪式的距離變化，以此觀測引力波。

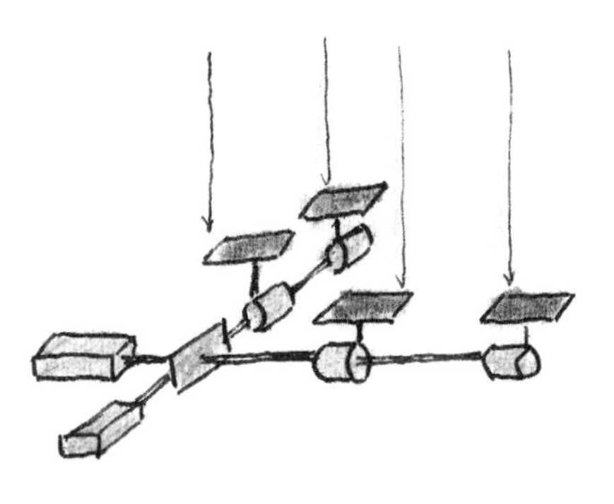

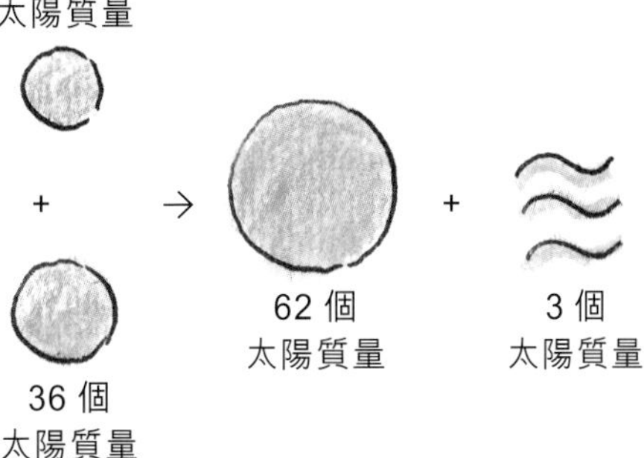

意義

LIGO分析表明，這兩個黑洞的質量分別約為36個太陽質量和29個太陽質量，併合後形成的中心黑洞的質量約為62個太陽質量，損失了的約3個太陽質量轉變為引力波的能量。

引力波填補了廣義相對論實驗驗證的最後一塊缺失的拼圖。宇宙大爆炸之初的引力波在137億年後的今天仍然可以被探測到，這有助於人們真正理解宇宙大爆炸原初時刻的物理過程。

09 時間膨脹

時間膨脹

時間膨脹是一種物理現象：兩人分別拿着兩個完全相同的時鐘甲鐘、乙鐘，拿着甲鐘的人會發現乙鐘走得比甲鐘慢。這現象常被説為是對方的鐘「慢了下來」，但這種描述只有在觀測者的參考系上才是正確的。

電影《星際啟示錄》男主角乘坐高速飛船抵達質量極大、引力極強的黑洞附近，時間膨脹效應使他只變老幾年，而當他回到地球，他的女兒已經成了一位老人。

相對論的時間

根據狹義相對論的描述，所有相對於一個慣性系統移動的時鐘都會走得較慢。即空中運動的鐘相對於地面的速度快，所以空中的鐘會比地面慢。

根據廣義相對論的描述，在引力場中擁有較低勢能的時鐘都走得較慢。即引力愈強，時間流逝得愈慢。

光子鐘實驗

光子鐘的構造很簡單，將一個光子放進相距 15 厘米的兩面鏡子中間，光子在其間來回反彈。光子的運動速度是 30,000 公里 / 秒，在兩面鏡子之間來回彈一次花費的時間是 10 億分之一秒。

把一個光子鐘放進飛船當中，與另一個放在地面上的光子鐘進行對比。由於飛船在高速飛行，飛船上光子鐘中的光子飛行的路線比地面上光子鐘的光子運動路線更長。這意味着地面上光子鐘「滴答」一次的時候，飛船上的光子鐘還來不及「滴答」一次，即飛船上的時間流逝得比地面上要慢。

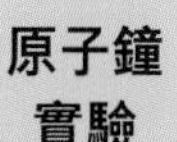

哈菲爾和基廷在 1971 年把兩個銫原子鐘分別放在兩架分別向東和向西飛行的飛機上，並對比放在天文台的時鐘。地球以光速 1/500,000 的速度自西向東轉動。往東飛的鐘比放在天文台的鐘要慢，而往西飛的鐘比放在天文台的鐘要快。

1976 年，哈佛大學的羅伯特 · 維索特將原子鐘送入 10,000 公里高空，通過無線電信號對比地面時鐘。地面上的鐘要比高空中的鐘每天慢 30 微秒。

速度愈快，時間愈慢

飛機的飛行速度約 300 米 / 秒，坐飛機 100 年以後下飛機，你將「年輕」26.3 分鐘。登月飛船的飛行速度約 10,500 米 / 秒，在登月飛船上飛 100 年下來後，你將「年輕」22.4 天。

一艘速度達到 90% 光速的飛船上的一年相當於地面上的 2.3 年；飛船速度若達到 99% 光速，飛船上的一年相當於地面上的 7 年；速度達到 99.999% 光速的飛船上的一年，可以抵上地面上的 224 年。

可以「長生不老」嗎？

雖然飛船上時間變慢了，飛船上的一年相當於地球上的幾年，甚至幾十年、幾百年。但是，對於飛船上的你來說，也只是活了一年，相對於地球人來說，你變老的速度非常緩慢，所以與他們相比就是比較「長生不老」。而因為飛船上的時間流動較慢，所以從地球上看你的話，飛船上的你的動作也會變得非常緩慢。

10 平行宇宙和時間旅行

多重宇宙是一個理論上的無限個或有限個可能的宇宙的集合，包括了一切存在和可能存在的事物：所有的空間、時間、物質、能量以及描述它們的物理定律和物理常數。

平行宇宙理論

宇宙泡

早期宇宙誕生於高溫之中，拓撲結構＊非常複雜，量子漲落很劇烈，每個時空泡沫獨立地膨脹，溫度逐漸降低，趨於平穩，就形成了一個個平行宇宙，而聯繫它們的隧道正是蟲洞。

視界平行宇宙

在宇宙視界外，由於宇宙膨脹，信息尚未來得及到達我們的地球就已經離我們遠去了。視界之外的宇宙對我們是沒有影響的。如果宇宙是無限大的，理論上就會出現無數個平行宇宙。

＊拓撲結構是一種數學結構，可以形式化地定義出如收斂、連通、連續等概念。

量子力學平行宇宙 粒子測量使波函數發生了分裂，測量一次就會導致一次分裂，並產生不同的結果，而我們只能測量出其中的一個，或者只是處在其中的一個世界而已。測量薛丁格的貓（貓和一瓶隨時可能破裂的毒藥放在一個盒子裏，只有打開盒子才能知道貓是否活着）時，這次測量到的雖然是死態的貓，但同時分裂出的活態的貓還在另外一個世界裏。

平行宇宙「痕跡」

2007 年 8 月，科學家在研究宇宙微波背景輻射信號時發現了一個巨大的冷斑，其中完全是「空」的，沒有任何正常物質或者暗物質，也沒有輻射信號。科學家認為它是平行宇宙碰撞摩擦形成的。

時間旅行

根據愛因斯坦的相對論，飛船的運行速度達到光速或超越光速就能完成時光旅行。不過僅靠人類擁有的能源，飛船是不能達到光速的，還需要借助於某些空間特性。

時間旅行的假想

旋轉黑洞

可以在時光旅行中作為入口，巨大的離心力不會形成奇點，不用擔心被中心的無窮重力壓碎。有可能通過它後進入白洞，它不是往裏吸東西而是靠一種帶有負能量的奇異物質將東西推出去，由此可以進入其他時間和其他世界。

蟲洞

在太空中質量作用於宇宙中的不同地方最終就會形成一個通道——蟲洞。通過它，人類就可以很快地到達地球以外的其他星球。例如，我們想去距離地球 9 光年（900,000 億公里）的天狼星考察，只要找到一個連接地球和天狼星的蟲洞就可以了。

宇宙線

在宇宙形成初期存在很多線形的物體，被稱為「宇宙線」。它們伸展長達整個宇宙，承受着高達數百萬噸的壓力，卻比一個原子還細。宇宙線周圍形成了巨大的重力場，物體一旦接近便會被以非常高的速度吸過去。而兩根相鄰的宇宙線會互相吸引。一根宇宙線與黑洞相連可以形成一個足夠飛船通過的空間。

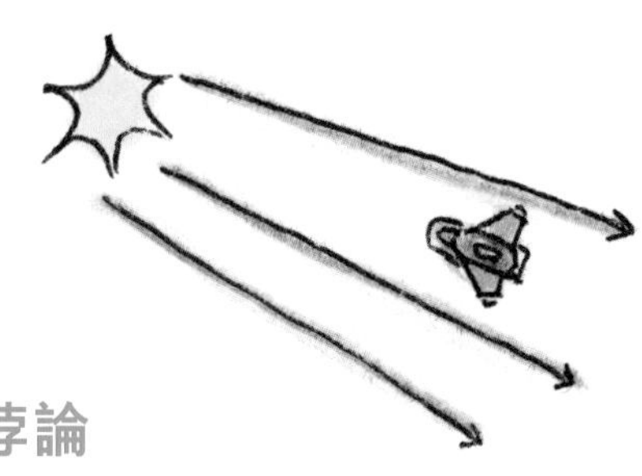

時間旅行的悖論

時間旅行者會進入一種被動觀察者的角色，任何對過去的改變都是不被允許的。

祖父悖論

一個人不可能回到過去殺死自己的祖父，如果這樣他自己將不會存在。已經發生的事情不可能被改變。

先知悖論

一個人不可能向未來穿越，因為未來還沒有發生。

下面的問題你思考過嗎？

1．五維、六維甚至更高維度的空間可能會是甚麼樣的？

2．我們身處在更高維度空間中可能會看到甚麼景象？

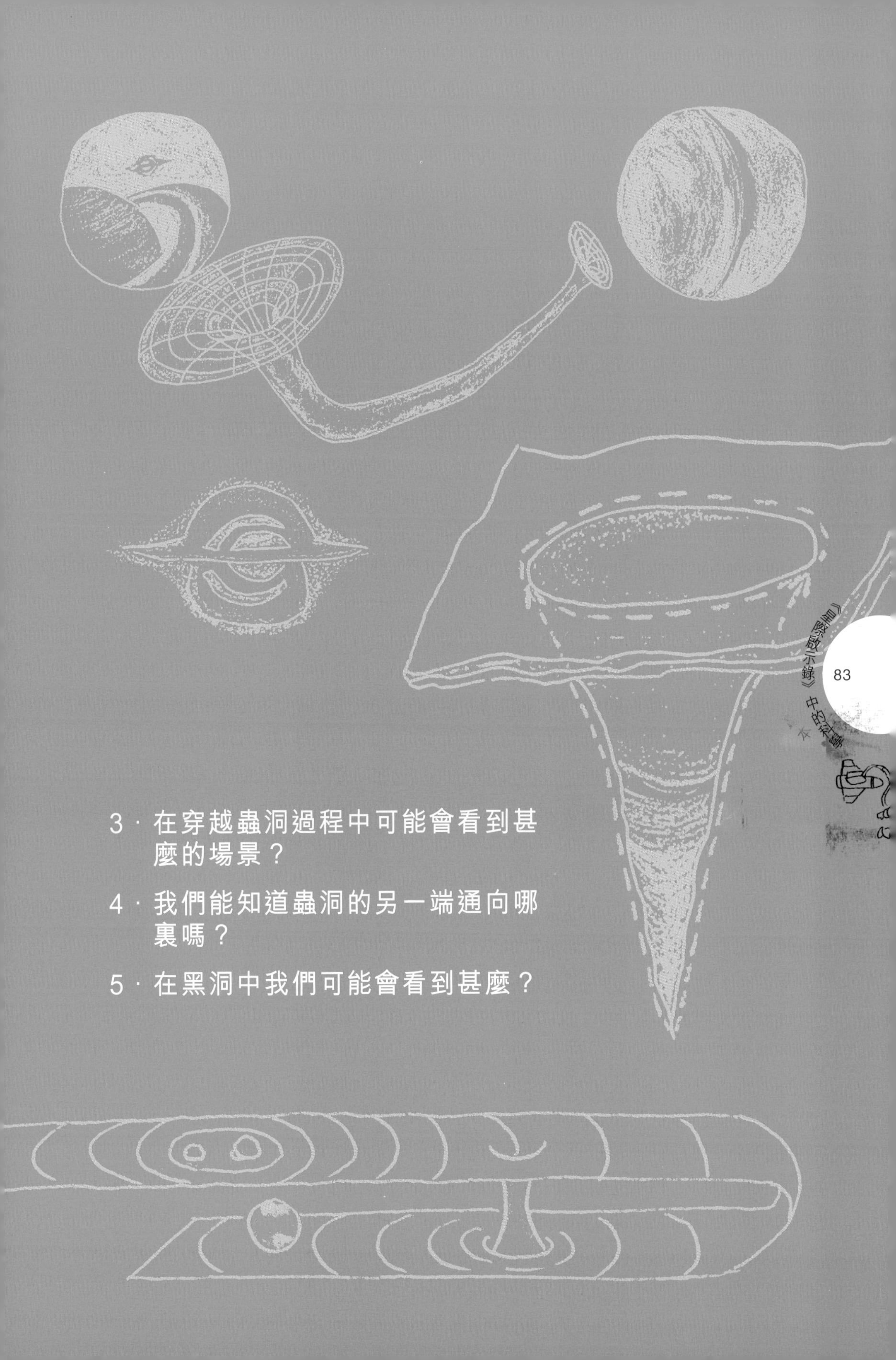

3．在穿越蟲洞過程中可能會看到甚麼的場景？

4．我們能知道蟲洞的另一端通向哪裏嗎？

5．在黑洞中我們可能會看到甚麼？

一起看看《火星任務》的主角如何在火星上生活

給你們找部電影，
看看在火星上怎麼
種薯仔吧。
甚麼環境都可
以種薯仔嗎？
3

MARS
我喜歡《火星任務》。
4

電影《火星任務》展現了在外星球生存的可能性，描繪了在外星球的生存場景，堪稱「火星版《魯賓遜漂流記》」。

本片獲得了美國國家航空航天局（NASA）的全力支持，美國著名天體物理學家尼爾·德·格拉斯·泰森親自站台拍攝了宣傳片，電影的首映甚至安排在太空站，由太空人在太空中發推特進行宣傳，得到航天界的大力推薦和支持。

*《火星任務》（*The Martian*, 2015）是由Simon Kinberg等監製，Ridley Scott導演，Matt Damon、Jessica Chastain和Michael Pena等主演，並由二十世紀福斯電影公司出品的科幻電影。

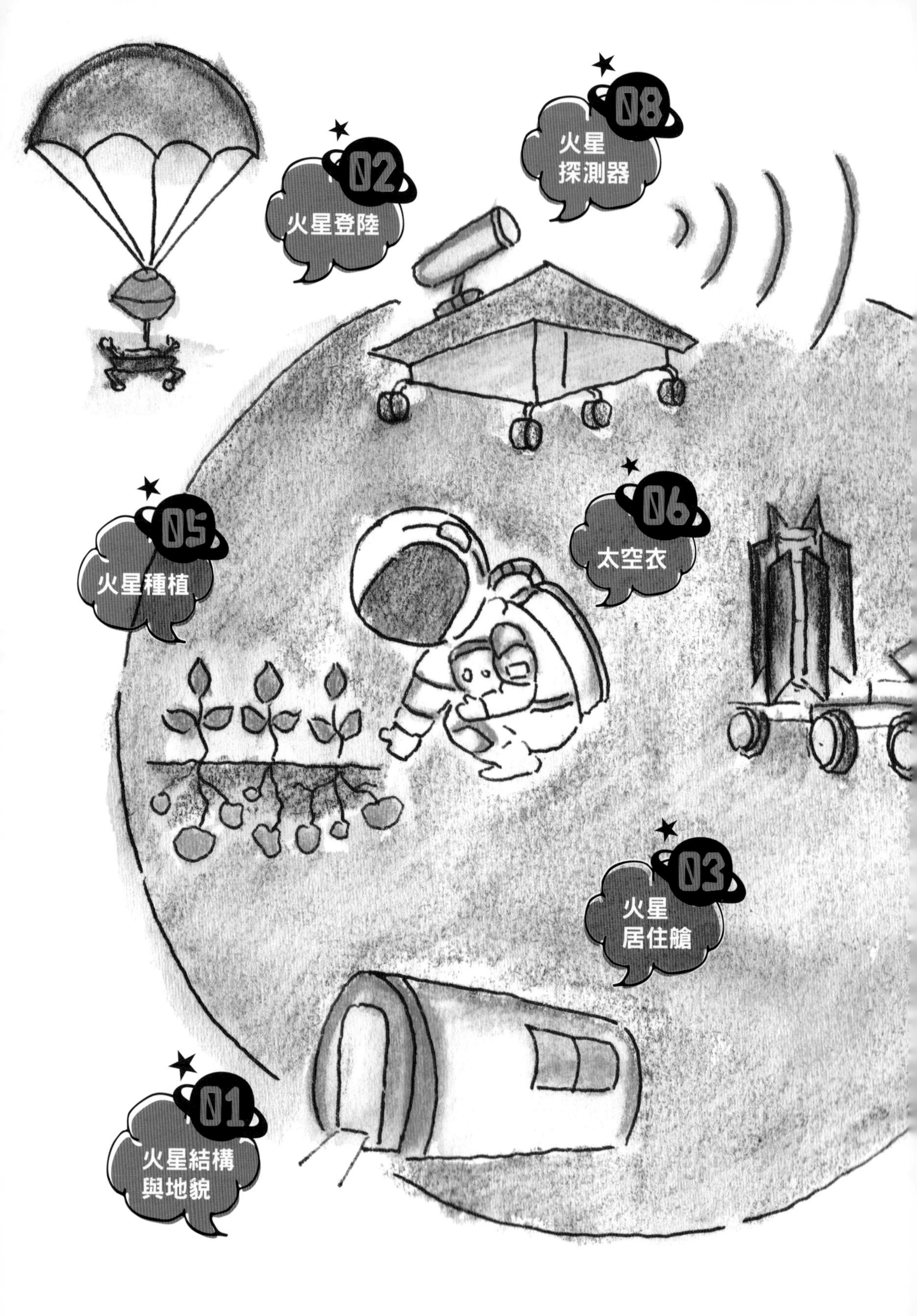
02
火星登陸
08
火星
探測器
05
火星種植
06
太空衣
03
火星
居住艙
01
火星結構
與地貌

07
火箭
飛行器
04
核電池
火星通訊
09
10
太空對接

火星是太陽系八大行星之一，按距離太陽的遠近，它排在第四位。

火星與太陽間的平均距離為 2.29 億公里，相當於地球與太陽間平均距離的 1.52 倍，所以在火星上看到的太陽比地球上看到的要小 1/3。

火星結構

科學家猜測火星和地球擁有類似的核心結構（地殼 + 地幔 + 地核）。「洞察號」火星無人着陸探測器的任務便是揭曉火星核心結構之謎。

火星年

火星圍繞太陽公轉一週為 687 天，約為地球一年的 1.88 倍，所以在不考慮其他未知因素的情況下，目前人類在火星上平均僅能活 38 歲零 109 天。

火星

2.29 億公里

1.5 億公里

太陽

地球

火星日

如果我們依據太陽運動來定義時間，那火星一天的時間為 24 小時 39 分鐘 35.24409 秒，比地球太陽日長 2.7%。

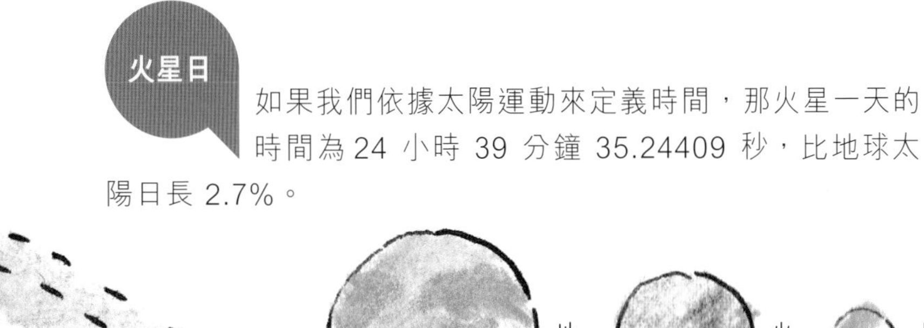

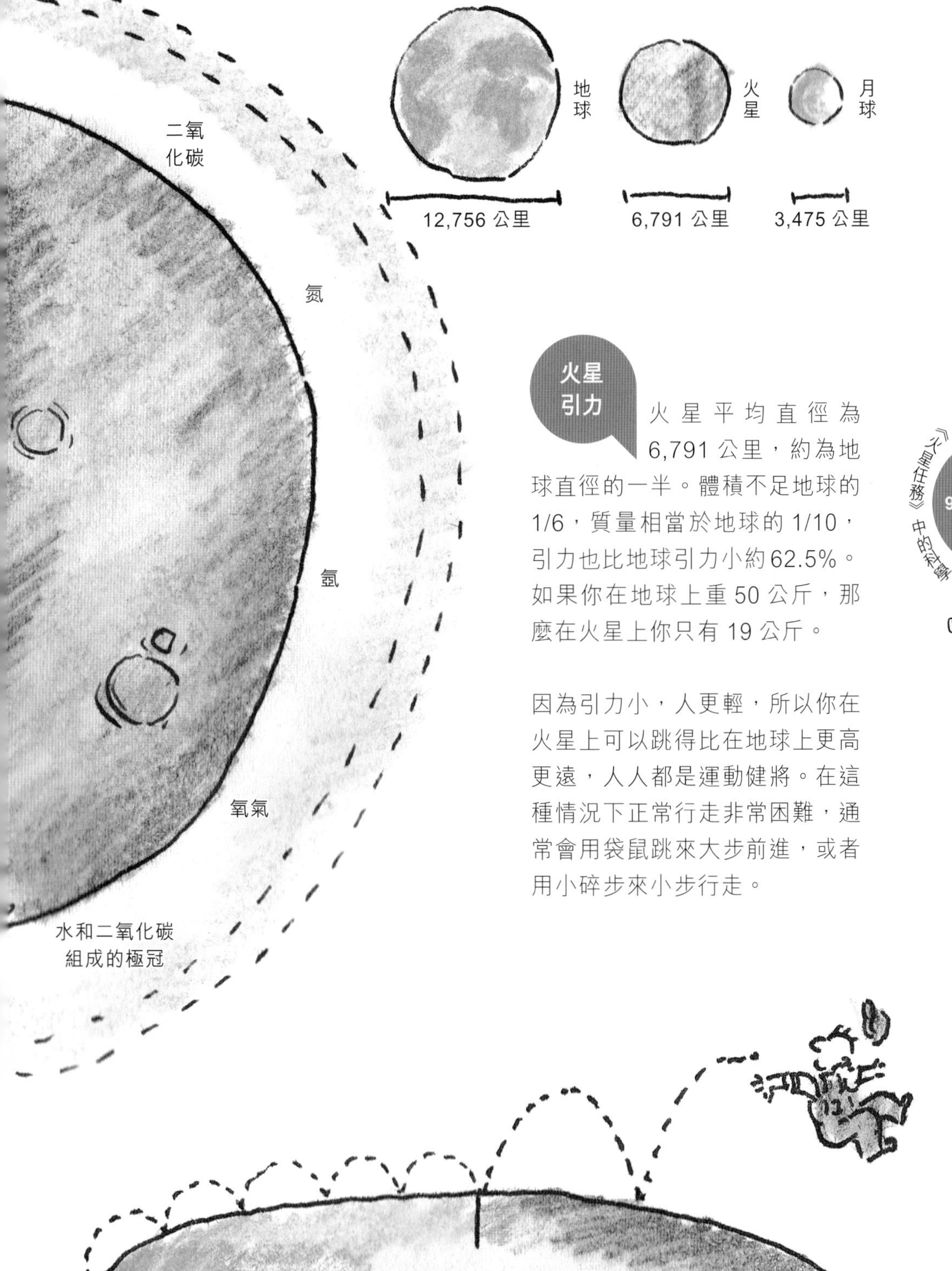

火星引力

火星平均直徑為 6,791 公里，約為地球直徑的一半。體積不足地球的 1/6，質量相當於地球的 1/10，引力也比地球引力小約62.5%。如果你在地球上重 50 公斤，那麼在火星上你只有 19 公斤。

因為引力小，人更輕，所以你在火星上可以跳得比在地球上更高更遠，人人都是運動健將。在這種情況下正常行走非常困難，通常會用袋鼠跳來大步前進，或者用小碎步來小步行走。

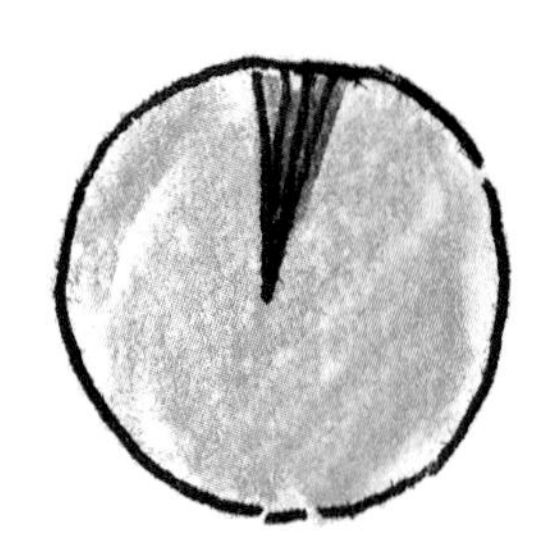

火星大氣

火星的自轉軸同地球一樣，也是傾斜的。火星擁有大氣，也有季節變化。火星大氣的主要成分（約95%）是二氧化碳，有約3%的氮、1%-2%的氬，合起來約為0.1%的一氧化碳和氧，還有極少量的臭氧和氫。

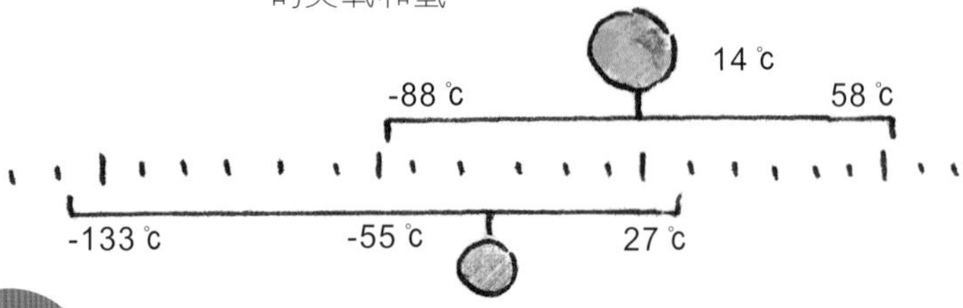

火星溫度

火星表面溫度有從冬天的 -133℃ 到夏天日間將近 27℃ 的跨度，平均溫度大約為 -55℃。

火星氣候

火星的確常有風暴，有時甚至持續幾個月，速度高達90公里/時，席捲整個火星。因為火星空氣稀薄，所以風暴破壞力也有限，即使風速再高也無法把人吹得飛起來，想要達到電影中的效果，大概需要 800 公里 / 時的風速。

火星地貌

因為地表被氧化鐵覆蓋，所以火星外表呈橙紅色。覆蓋在兩極地區的由冰和乾冰構成的白色極冠，其大小隨火星季節而變化。火星上也有高山、平原和峽谷，整體上是一顆沙丘、礫石遍佈的沙漠行星。

火星自駕遊路線

阿西達利亞平原：這裏遍佈泥漿火山，有大量噴湧出的泥漿沉積物質，很可能存在有生命跡象的有機物。

克里斯平原：「火星探路者號」降落在克里斯平原的入口處，全世界第一個成功登陸火星的探測器也在此登陸。

斯基亞帕雷利環形山：這裏的環形山分為兩種，分別是火山成因的環形山和隕石撞擊而成的環形山。

能脫離地球引力的火箭

太空船愈重，火箭升空就需要愈多的能量。往返火星所使用的時間長達數年，而且火星上還有稀薄的大氣，引力也會造成相當大的負擔，需要足夠強大的引擎和持續的能源供應。同時，還需要考慮抵禦真空中的輻射對太空人身體的損害。

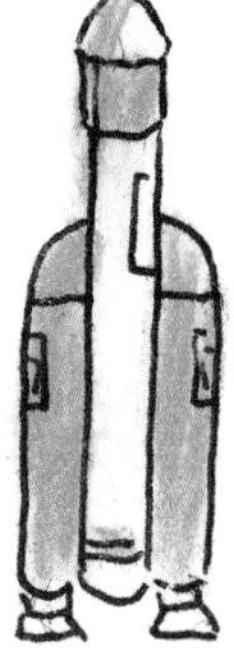

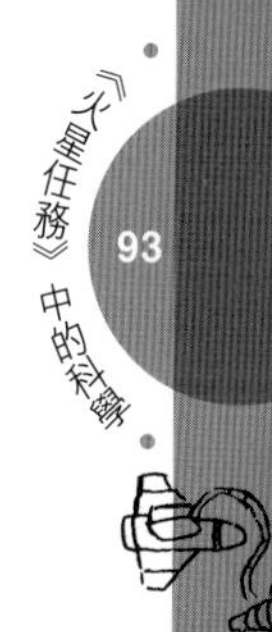

適合發射升空的時間

火星和地球以不同的速度和軌道圍繞太陽運動，有時相距甚遠，有時離得很近。從地球出發的火星探測器並非任何時候都適宜發射，而是每隔 2 年零 2 個月（780 天）才有一次發射機會，稱為發射窗口。因為每隔 780 天，太陽、地球、火星就會排列成一條直線，稱為火星衝日。此時發射，火箭能以最少的燃料抵達火星，總行程將超過 4.8 億公里。

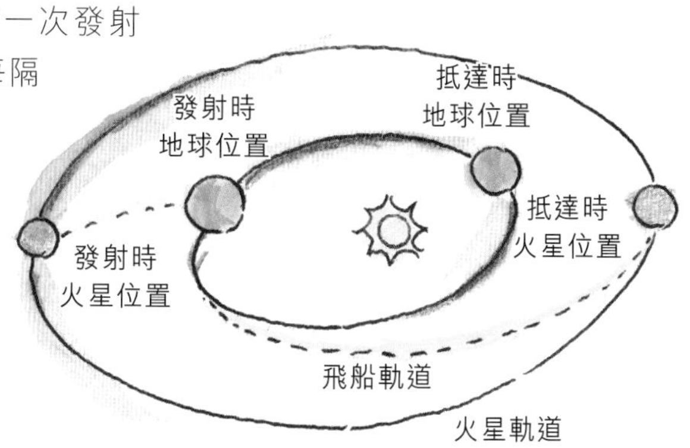

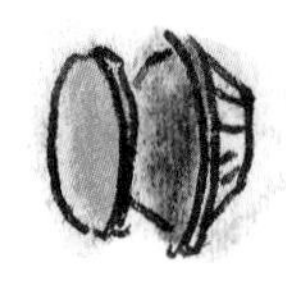

正確的目的地

不能把目的地定為火箭發射當時的火星位置，必須瞄準到達時的火星位置。還要利用額外的推力來修改飛行方向，確保不會和火星擦肩而過。全程時間 7-8 個月。

如何登陸火星？

太空船以數千公里時速衝向火星，需要給太空艙蓋上隔熱罩，防止接觸大氣時產生的熱量進入太空船內部。而且必須以恰當的角度進入大氣層，大氣摩擦可以降速 90%，但還必須使用降落傘進一步降速，即使如此下降速度仍會超過 160 公里 / 時。

氣囊緩衝

這種方式適用於輕質量着陸器的着陸。當着陸器在火星表面着陸前，包裹着陸器的氣囊充氣展開，通過氣囊在火星上的彈跳逐步降低高度，實現成功着陸。1996 年 12 月 4 日美國發射的「探路者號」火星車，2003 年 6 月和 7 月分別發射的「勇氣號」與「機遇號」都採用了這種方式。

着陸支架緩衝 較大的着陸器使用制動火箭和着陸肢觸地，速度約為 9.6 公里 / 時。2007 年 8 月 4 日，美國發射的「鳳凰號」採用了這種方式。如果依靠氣囊着陸，則須使用更大面積的降落傘和體積更大的氣囊，但這會擠佔所搭載的科學儀器的質量。

空中吊車着陸 這種方式適用於大質量着陸器的着陸。使用大噴氣包減速至 3.2 公里 / 時以下，用纜繩放下着陸器，使其輪子觸地，並及時切斷繩索。2011 年，美國「好奇號」火星車首次採用這種技術並獲得成功。

載人登陸艙質量更重，需要強大的熱保護罩、大面積的降落傘，並且還要把反推火箭動力減速和空中吊車等手段統統用上，只有實現多種着陸手段的「混搭」，才能確保安全着陸。

模擬居住太空

在 NASA 的約翰遜航天中心，載人探測研究模擬設施 HERA 可模擬深空居住區的自控環境，包括客廳、書房、洗手間和模擬氣密艙等。在各個模塊中，待測試者要執行操作任務，完成載荷目標並在一起長時間生活，模擬未來在與世隔絕的環境下執行任務。

輻射防護

宇宙中有兩類輻射源：第一類是由太陽規律地釋放的穩定帶電粒子組成的。太空船本體結構可以對幾乎全部的太陽粒子進行物理屏蔽。第二類是來自銀河宇宙線的高能輻射源，幾近光速的粒子，從銀河系中的其他恒星甚至其他星系射入太陽系，可以達到具有危險性的水平。

人類在太空中生存的主要威脅就是粒子輻射。高能粒子可以徑直穿過皮膚、沉積能量並沿途破壞細胞或 DNA。受到輻射後，太空人在餘生中患癌症的風險增加，甚至有一些人在執行任務期間就會得上嚴重的輻射病，所以太空居住艙必須能夠提供足夠的保護。

水循環利用

環境控制與生命保障系統從各處回收可再利用的水分：洗手池、洗漱生活，還有其他水源。通過水分再生系統，水分得到了回收和過濾，可以用於飲用。

在太空中的微重力環境下，用於處理污水的部分必須使用離心機來進行淨化工作，因為氣體和液體並不會像地球上那樣分離開來。

火星有水嗎？

「快車號」火星探測衛星發現了許多火星上存在水源的跡象：發現含水礦物，說明液態水在火星表面存在了很久；雷達觀測到南極地區的冰層和土壤下存在液態水；火星兩極存在水冰；可能存在遠古河川遺跡，說明火星表面曾有過大量流動水源。

空氣須達到的指標：類似於地球上的空氣成分（78% 氮氣，21% 氧氣，1% 其他氣體）；1 個標準大氣壓；清除呼出的二氧化碳和污染物；正常的相對濕度環境。

氧氣製造

長時間居住的太空艙採用太陽能發電裝置所發的電來電解儲存的水，先把氫氣排放到太空中，然後將所得的氧氣用於供太空人呼吸。

目前，國際太空站還會用儲存罐攜帶緊急氧氣以及 100 多支燭狀高氯酸鋰，每支能產生足夠一名太空人一天所需的氧氣。

太陽能

太陽能電池板是吸收太陽光，將太陽輻射能通過光電效應或者光化學效應直接或間接轉換成電能的裝置。大部分太陽能電池板的主要材料為矽，太陽能電池具有永久性、清潔性和靈活性三大優點。

火星空氣比地球空氣稀薄許多。沒有了像地球一樣的大氣層保護，太陽光線的輻射強度也呈幾何級數增長。但只要配置合理，在火星上太陽能板的發電量是足夠人類生存用的。利用靜電除塵技術可通過施加電壓清除灰塵，保證太陽能板在無人值守的條件下正常發電。

火星登陸計劃

第一步 國際太空站是唯一能進行長期微重力 試驗的平台，用於研發新的太空人生命健康系統和先進的居住艙，以及其他降低對地球依賴所需的技術。

第二步 深空居住。任何火星任務都將需 要高度可靠的居住系統，以保證太空人在深空環境長時間處於健康狀態並保證所開展工作的安全。

第三步 實現星球獨立。需要利用新 技術改造當地的資源，將它們轉化為水、燃料、空氣和建材。

甚麼是 RTG？

核電池又叫放射性同位素熱電機（RTG），是利用放射性衰變的熱量進行溫差發電的，通常使用的同位素是鈈 -238（Pu-238）。

由於火星表面晝夜溫差極大，一般化學電池無法工作，太陽能電池又無法用於遠離太陽或者背向太陽的深空探測，放射性同位素熱電機可謂是深空探測中理想的電力來源。

使用鈈 -238 作為核電池發熱材料的主要優勢在於，處於鈾系衰變系當中的鈈 -238 衰變產生的各種子體幾乎沒有伽馬射線，輻射防護非常簡單且輕量化；半衰期（88 年）也比較合適，可以在相當長的時間提供穩定的功率，足以滿足 20 年甚至更久的深空任務之需。

取暖是否可行？

RTG 能夠把鈈 -238 放射性衰變釋放的熱量轉化成電力。在現實中，在超過 40 年的時間裏，NASA 已經安全地使用 RTG 為 20 多個太空任務提供電力來源。其中包括「阿波羅」登月任務、「好奇號」火星車。「好奇號」火星車上的 RTG 產生大約 110 瓦甚至更小的功率，差不多比燈泡的平均功率高一些。鈈 -238 的半衰期僅為 88 年，放射性衰減之快可以讓它非常熾熱，大概產生 2,000 瓦的熱量，設計使用壽命為 14 年，足夠取暖使用。

是否會對人體造成危害？

鈈-238主要是阿爾法衰變，放出的阿爾法射線，穿透力較弱，一張紙或者健康的皮膚就能擋住，厚厚的太空衣完全可以抵禦。

鈈是有劇毒的，但只有當它破碎成非常細小的粒子或蒸發，並被人體吸入或攝入時，才可能對人體造成影響。為防止發生洩漏事故，鈈-238被放置在多層先進的保護材料中，確保在嚴重的事故中也不會發生洩漏。它產生出的同位素由於陶瓷的隔離不溶於液體，不可能被誤吸和誤吞。所以，用鈈取暖很安全。

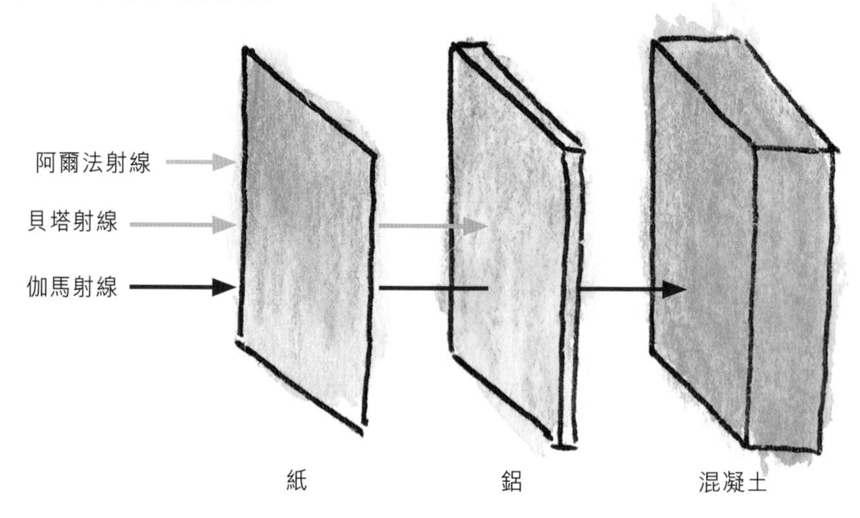

核電池工作原理

有些物質的原子核是不穩定的，它能自發地有規律地改變其結構，轉變為另一種原子核，這種現象稱為核衰變。這些物質在核衰變過程中會放射出具有一定動能的帶電或不帶電的粒子，直到形成穩定的元素。如果正確利用的話，還能夠產生電流。通常不穩定的原子核會發生衰變現象，在放射出粒子及能量後可變得較為穩定。

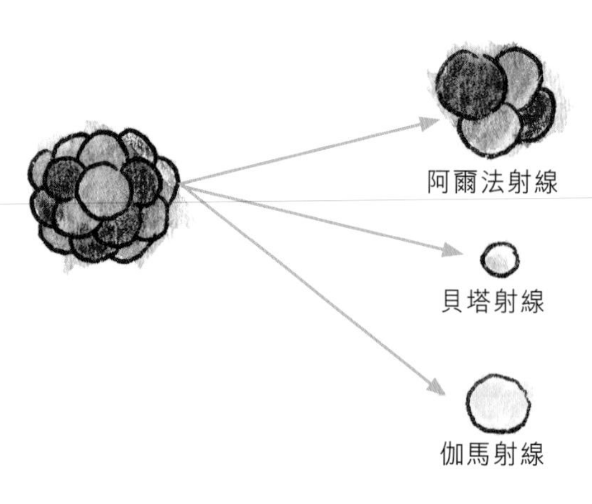

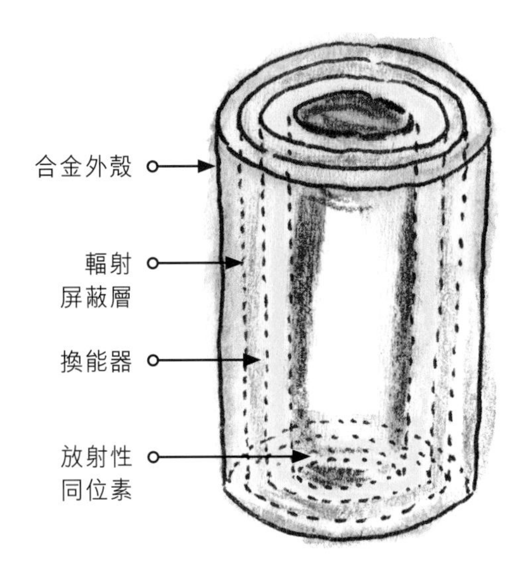

核電池材料

結構：最內部為放射性同位素，能不斷地發生衰變並放出熱量；換能器可將熱能轉換成電能；輻射屏蔽層防止輻射線洩漏；最外層的外殼一般由合金製成，起保護電池內部結構和散熱的作用。

優點：釋放能量大小、速度不受外界環境影響；工作時間長。

缺點：有放射性污染；隨着放射性源的衰變，電性能會衰降。

核電池的應用領域

航天領域：核電池可以滿足各種太空船長期、安全、可靠供電的要求。1997 年，「卡西尼號」的核電池所用核材料為鈈 -238，可提供 750 瓦的總功率，到探測器 11 年的飛行任務結束時仍能發出 628 瓦的電。

航海、航空領域：核電池能保證光源幾十年內不換電池，不用為經常更換電池和維修發電機而煩惱。自動氣象站或自動導航站可實現自動記錄和自動控制，常年無須更換和維修電源。

醫學領域：核電池廣泛應用於心臟起搏器，電源體積非常小，比 1 枚中電（C）還小，重量僅 100 多克，可保證心臟起搏器在體內連續工作 10 年以上。

電子機械領域：微型核電池只有鈕扣大小，主要成分是鈾 -235，在手機第一次使用後能夠連續提供 1 年以上待機時間的電量，從而節省生產充電器的成本。

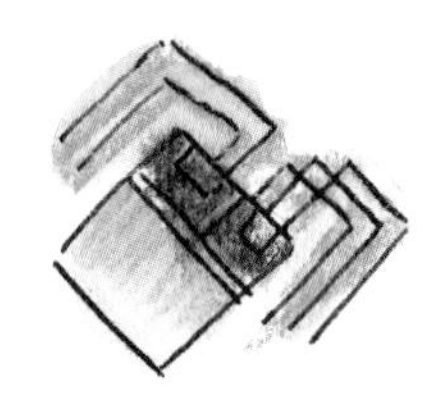

種植步驟

修整土地。土壤不必肥沃，但必須較乾燥。

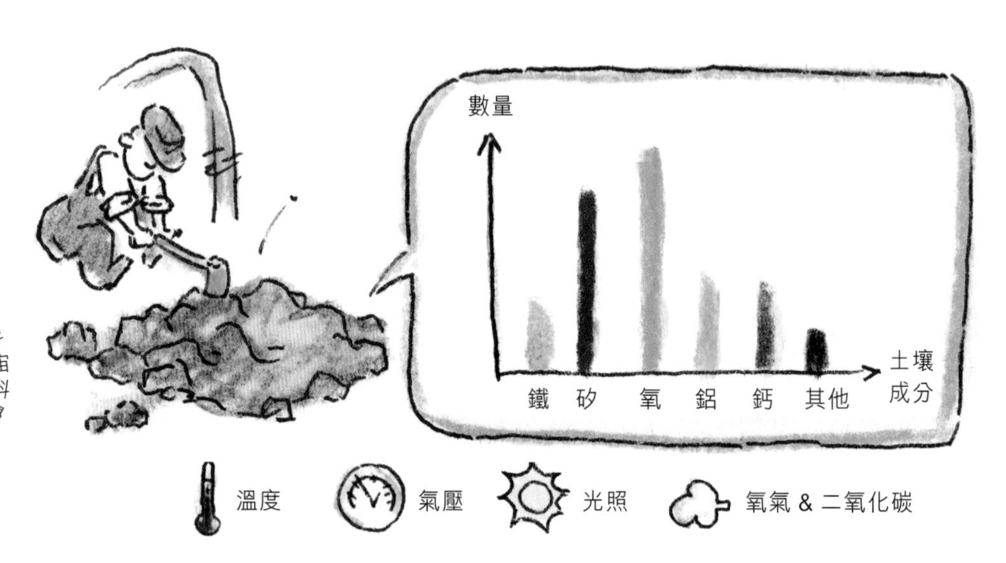

土壤成分：主要元素是氧，含量約佔 50%，矽為 15%-30%，鐵為 15%-16%，鋁為 2%-7%，鈣為 3%-8% 及少量的鉀、磷、硫、氯、鉬、鉻、鎂、鈷、鎳、銅等。這種土壤確實有可能種出薯仔。

種植條件：稀薄的大氣可以使火星獲得足夠的太陽能來發電，基地裏的製氧機（可以分解二氧化碳）和淨水機只需要有足夠的電力就可以正常工作。火星基地內足以滿足種植的必需條件。

能否帶回火星土壤：火星上有可能在幾十億年之前也是有生命存在的，這些微小的生物甚至可能至今還存留在土壤中。如果貿然將土壤帶回地球的話，很有可能會把微生物和細菌也帶回地球，給地球帶來生態災難。

肥料來源：一般太空馬桶的工作原理是靠真空泵產生吸力，將固態和液態的排泄物吸入分流器。分流器將液體送入過濾回收系統，淨化後供太空人作為生活用水。而固態廢物則裝入回收袋，在真空中暴露一段時間殺菌後集中保存，隨返回艙帶回地球處理。

施肥目的：火星土壤中有足夠的鈉、鎂、鋁、磷、鈣、鐵等元素，只是缺乏氮，而這種元素在人類糞便中含量較高。對人體排泄物需要進行堆肥發酵處理，未經發酵的肥料施後遇水進行發酵會產生高溫和有害氣體，傷害農作物根部，加上有害微生物的活動會造成土壤缺氧，致使植株死亡。

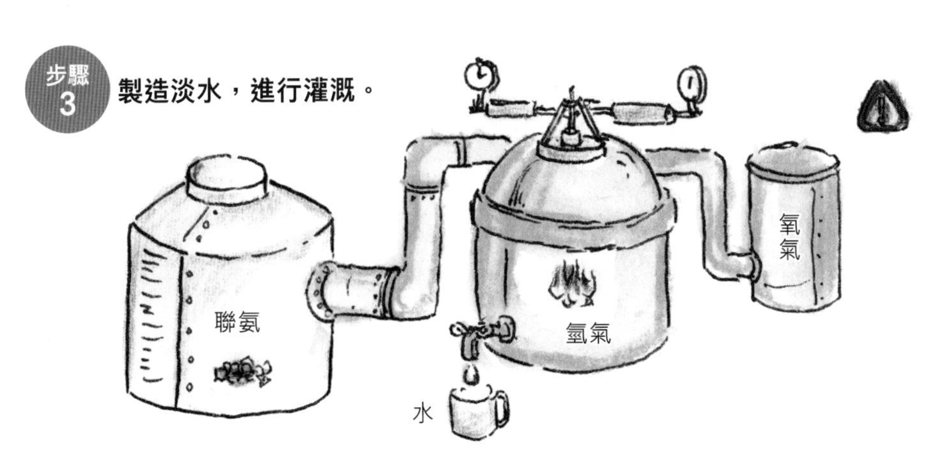

製造淡水設備爆炸的原因：設備中充滿了氫氣，把氧氣一點點輸入進去，讓氧氣在氫氣中充分燃燒是安全的。但是電影的主角忘了自己呼出的氣體中也包含氧氣，這一點造成了後來的爆炸。

液態水的製作：

①燃燒火箭燃料聯氨（N2H4）可以產生水：$N_2H_4 + O_2 \rightarrow N_2 + 2H_2O$。不過聯氨是有毒的物質，燃燒時容易爆炸。所以讓聯氨滴在網格狀銥催化劑中，放熱分解成氮氣和氫氣，然後在一個足夠長的「煙囪」裏上升，利用密度差分離氫氣和氮氣。

②火星大氣的主要成分是二氧化碳，只要有電，製氧機就可以提供足量的氧氣。

③點燃氫氣和氧氣，燃燒成水。

把種薯切成塊再種植，能促進塊莖內外氧氣交換，破除休眠，提早發芽和出苗。

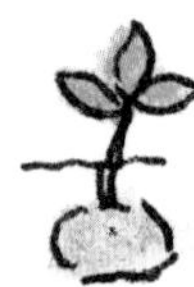

為甚麼選擇薯仔：薯仔是地球上畝產澱粉量最高的農作物，並且比較適合在溫度較低的環境裏生長，從發芽開始算起兩個多月就能收穫。只要切成塊，埋到土裏就能生長，唯一的要求是每個切塊上必須要有芽眼。

薯仔苗的死亡：種植艙的破損、較長時間完全失壓導致植物體內的大部分水分蒸發，在 0℃以下的寒冷大氣中，連微生物都無法生存，薯仔苗因失水、低溫而死亡。

太空種植進展：2014 年，荷蘭一組科學家發表了模擬火星土種蕃茄、紅蘿蔔、小麥等 14 種農作物的論文。得益於較強的吸附水分能力，用「火星土」種的蔬菜，長得居然比地球土裏的還好。同年，在國際太空站，太空人使用新鮮食物生產系統種出了紅生菜，標誌着太空種植系統的成功。

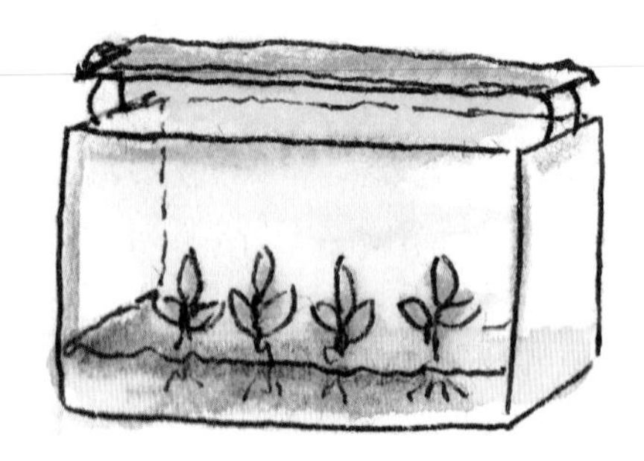

解構太空衣

太空衣是保障太空人的生命活動和工作能力的個人密閉裝備，可防護空間的真空、高溫低溫、太陽輻射和微流星等環境因素對人體的危害。

太空衣被刺穿怎麼辦？

火星大氣的密度很低，氣壓大約只有地球的 0.6%，太空衣內的氣壓只有約 0.3 個大氣壓，創口更容易封堵癒合。

雖然氣體稀薄，但較高的氧氣密度保證了太空人的正常呼吸。太空衣呼吸系統會去除呼出的二氧化碳，一旦吸收二氧化碳的化學製劑飽和，為了防止二氧化碳中毒，太空衣開始主動排氣，並用備用的氮氣填充進來保持氣壓。當氮氣也不夠用的時候，只能加入過量的氧氣，此時太空人的中樞神經、視網膜、肺部就很容易受損。

火星太空衣的挑戰

行走在火星上的一大挑戰是火星的塵土。在火星表面行走後，紅色的火星土壤如果被帶入了宇宙飛船內，會對太空人和艙內設施造成影響。太空衣背後加上接口，太空人可以快速「跳出」太空衣進入艙內，將太空衣留在艙外，從而使艙內保持清潔。

功能

- 保持太空人體溫。
- 保持壓力平衡，使太空人承受的壓力與在地球上的相似。
- 阻擋強而有害的輻射，如來自太陽的輻射。
- 處理太空人的排泄物。
- 提供氧及抽去二氧化碳。

頭盔：頭盔由高強度聚碳酸酯製成，有減震、隔熱、消聲、通風和供氧功能。面窗可過濾紫外線，保護眼睛。

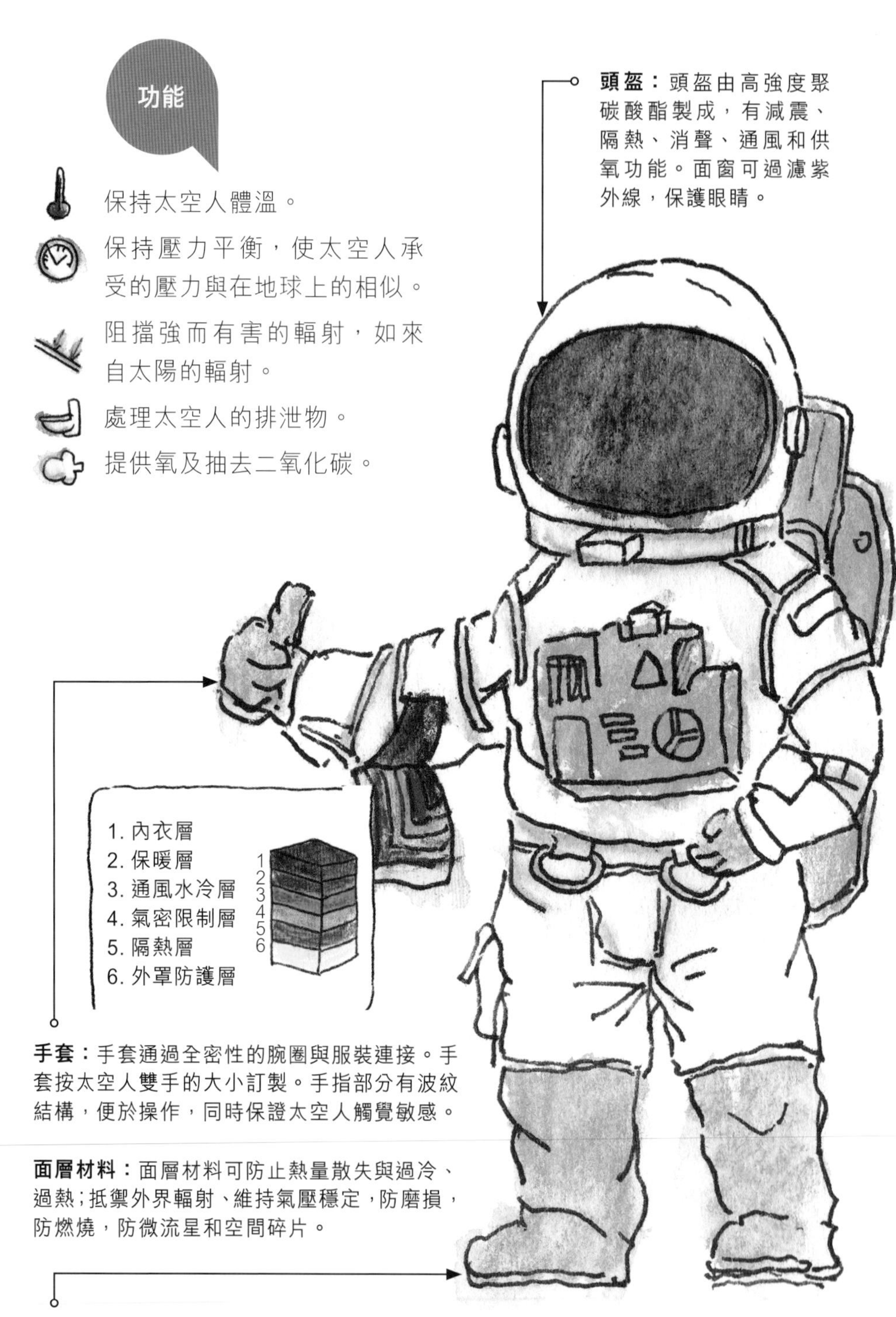

手套：手套通過全密性的腕圈與服裝連接。手套按太空人雙手的大小訂製。手指部分有波紋結構，便於操作，同時保證太空人觸覺敏感。

面層材料：面層材料可防止熱量散失與過冷、過熱；抵禦外界輻射、維持氣壓穩定，防磨損，防燃燒，防微流星和空間碎片。

靴子：太空靴由多層織物和皮革製成。目前，大部分太空靴只有一個尺碼，適合於所有太空人穿用。太空衣褲子的氣囊和限制層一直延伸到腳。

防護原理

通過氧氣罐提供氧氣，排出的二氧化碳則由氫氧化鋰吸收。表層有阻隔輻射的功能。貼身內衣調節體溫，佈滿水管，水泵不斷使水循環，帶走身體多餘的熱量，而水則由昇華器冷卻。

穿着前的準備

太空人在穿太空衣之前必須呼吸純氧 4 個小時，或在氣壓為 0.092 千帕的艙內待上大約 12 個小時，然後再呼吸純氧 40 分鐘，目的是將體內的氮排出，同時使身體適應低壓環境。如果不做這樣的準備工作，由於太空衣內只有 0.3 個大氣壓，體內氮因急驟減壓而形成氣泡，會使太空人患上與潛水員一樣的沉箱病。

艙外活動裝置：這是可以背在身上的氮氣推進裝置。當太空人和太空船分離時，可幫助太空人返回飛船。可裝載 1.4 公斤的氮氣推進劑，推進速度最快約 3 米 / 秒。

太空背包：太空背包內裝環控生保系統，與太空衣一起構成一個微型載人太空船，保證太空人能在開放的太空中生存和執行任務。環控生保系統由供氧裝置、空氣再生系統、溫度控制系統、監測系統和無線電通訊系統等組成，其功能是向太空衣內輸送氧氣和冷卻水，維持太空衣內的壓力和溫度，實施通風、散熱，以及為太空人提供與太空船或地面之間的通訊。

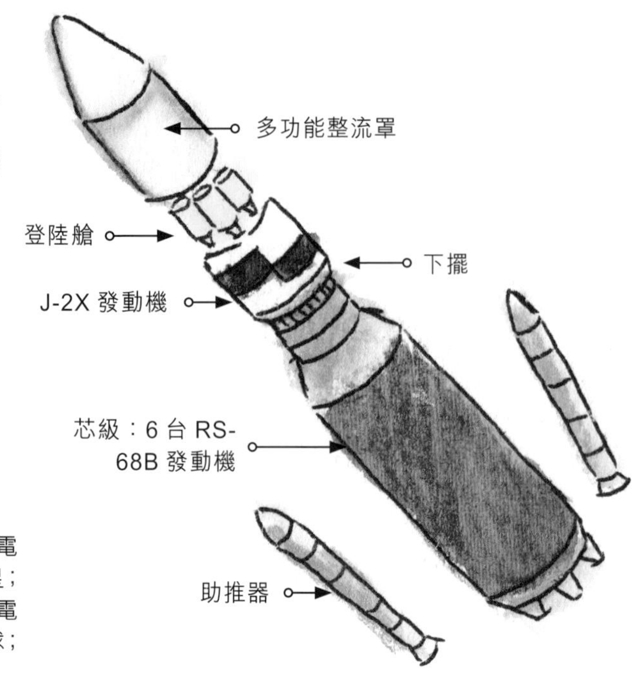

戰神系列火箭

- ✦「戰神 1 號」：載人火箭；
- ✦「戰神 3 號」：載人火箭，電影中男主角搭載它前往火星；
- ✦「戰神 4 號」：載人火箭，電影中男主角搭載它返回地球；
- ✦「戰神 5 號」：貨運火箭。

戰神系列火箭將成為空間探索路線圖下一步計劃的新型空間運輸基礎設施的重要單元之一。按照分工定位的不同，戰神系列火箭共包括三個型號：「戰神 1 號」、「戰神 4 號」和「戰神 5 號」。

「戰神 1 號」「戰神 4 號」「戰神 5 號」

戰神 1 號 是載人航天載具，用於發射新一代載人探索太空船——「獵戶座號」飛船，取代 NASA 當前使用的航天飛機。

戰神 4 號 既可發射貨物，也可發射飛船，將月球着陸器或「獵戶座號」飛船 送入正確軌道。

戰神 5 號 目前的定位是貨物運載火箭，運載「牽牛星號」登月艙，在以後的火星探測計劃中其功能將得到進一步擴展，可能用於人員運輸。

火箭	「戰神 1 號」	「戰神 5 號」	「阿麗亞娜 5 號」	「長征 5 號」
所屬國家或機構	美國	美國	歐洲太空局	中國
最大起飛質量	816.5 噸	3,704.5 噸	780 噸	867 噸
最大近地軌道載荷	25 噸	130 噸	>21 噸	25 噸

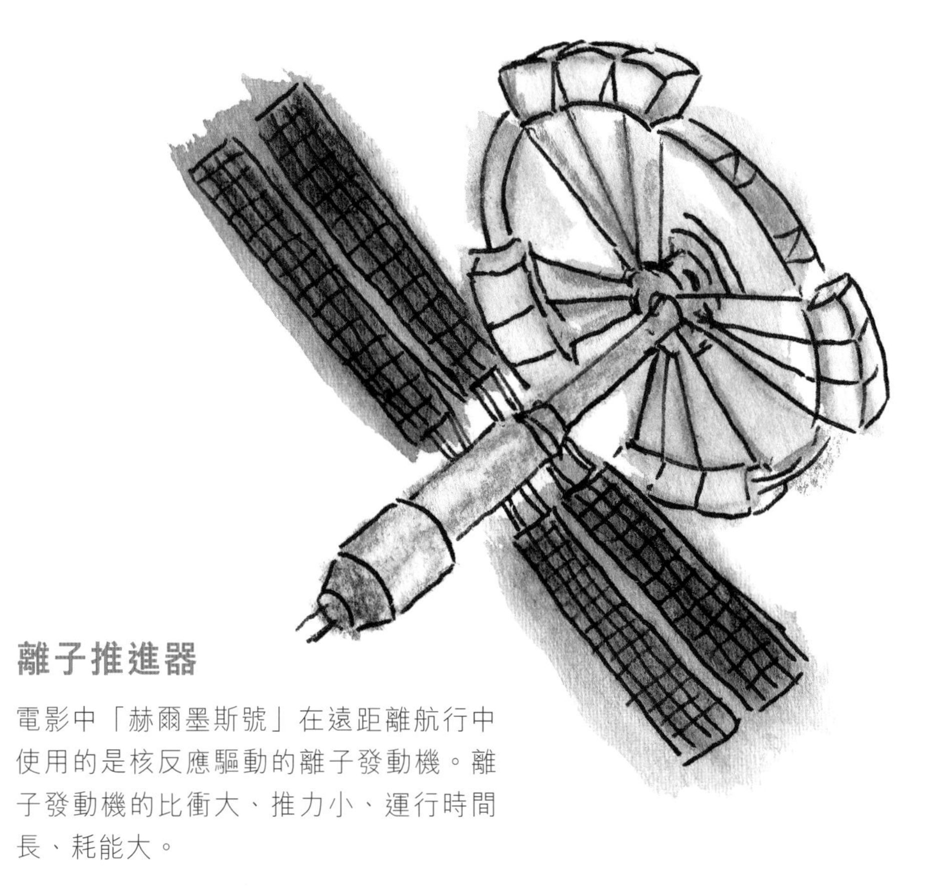

離子推進器

電影中「赫爾墨斯號」在遠距離航行中使用的是核反應驅動的離子發動機。離子發動機的比衝大、推力小、運行時間長、耗能大。

離子推進器作為一種高效的推進手段，可跨越 4.5 億公里的空間距離，它將氬氣和氙氣等氣體電離，然後將產生的離子以 320,000 公里 / 時的超高速度噴出。經過長達數年的連續加速之後，飛船可以達到驚人的速度。離子推進器還允許飛船多次變軌，然後突然擺脱束縛，飛向另一個遙遠的世界。目前，「深空 1 號」採用了太陽能供電的離子推進器。

「獵戶座號」

太空人艙

太空艙連接解鎖裝置

服務艙

太空飛船連接解鎖裝置

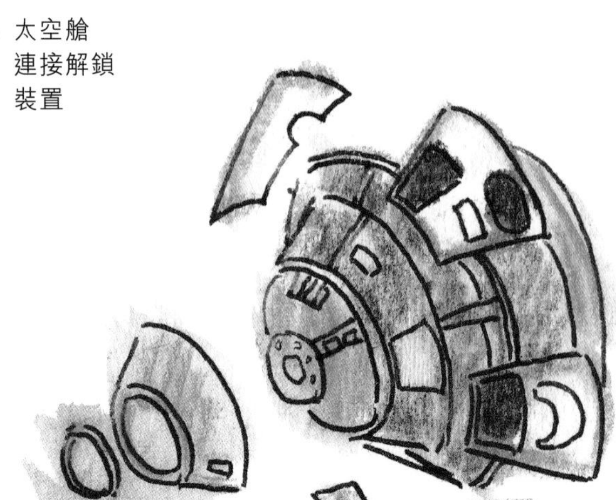

「赫爾墨斯號」飛船的設計參考了研發中的「獵戶座號」載人飛船，目標是未來載人登陸月球和火星。

「獵戶座號」是一種用於替代航天飛機、可重複使用的多用途乘員探索飛行器，每次可向國際太空站運送 6 名太空人，也可將 4 名太空人送抵月球，經改裝還可載人登陸火星。飛船利用太陽能板和電池提供能源，機組控制交互方式結合觸摸屏和開關，乘員艙組件可重複利用，並且配備全自動的緊急逃生系統。

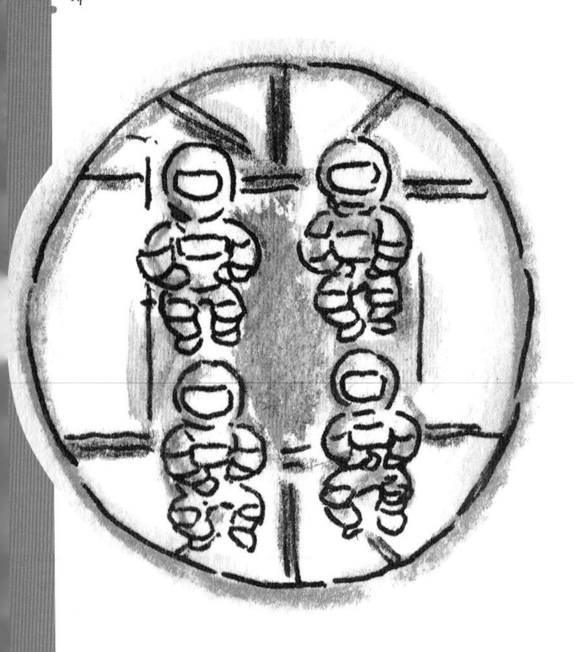

人數限制

太空人人數和航天飛行時間是載人飛船設計的重要參數，直接影響載人深空探測任務的技術性能和總體規模。火星與地球的距離太遠，鑑於火箭運載能力有限，載人登陸火星的飛船物資消耗太大，一般乘員人數限制為 4 人。

結束使命的探測器

「勇氣號」：於 2004 年 1 月 3 日着陸，2011 年 5 月 25 日停止工作。設計壽命 90 個火星日。實際上，它在哥倫比亞群山所在的古塞夫隕擊坑堅持工作了 2,208 個火星日，行駛 7.7 公里路程。第一次在另外一個星球上近距離拍攝了彩色照片，發現了水存在的證據，以及火山活動的痕跡。

「機遇號」：於 2004 年 1 月 25 日着陸，工作了 15 年，於 2019 年 2 月 13 日結束探測使命。行駛了超過 45.16 公里路程，傳回了超過 217,000 張圖像，包括 15 張 360 度彩色全景圖。它在其着陸點發現了赤鐵礦，這是一種在水中形成的礦物質。它還在奮鬥撞擊坑發現了火星上古代水流的強烈跡象。科學家認為這裏水的成分和人類可飲用水的成分相同。

當前進展

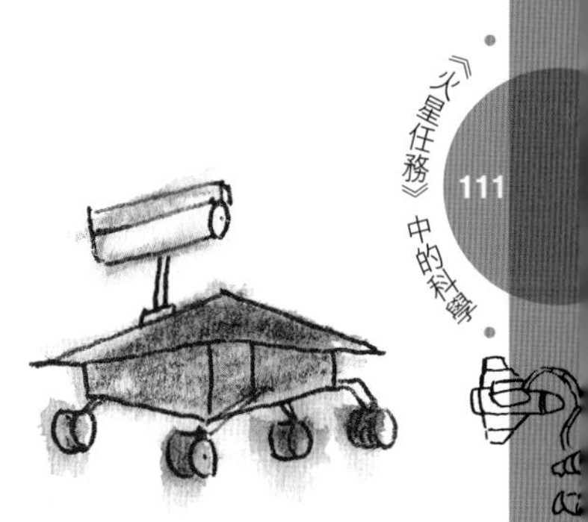

「富蘭克林號」：於 2020 年發射，並將在 2021 年降落在火星上。它能夠行駛在崎嶇的地形上，還將配備攝像頭、地面穿透雷達和機載實驗室，以分析岩石樣本，並特別關注火星上的生命跡象。

「火星 2020 計劃」：中國和美國利用 2020 年 7-8 月的發射時機開展火星探測研究。中國於 2020 年利用火星衞星、火星着陸器、火星車聯合探測火星。通過一次發射任務，實現火星環繞和着陸巡視，開展火星全球性和綜合性探測，並對火星表面重點地區精細巡視勘查。

美國的火星探測計劃包括確認火星上生命潛力的關鍵問題，這次考察不僅是尋找古代火星上適宜居住條件的跡象，也是為了尋找過去微生物生命本身的跡象。「火星 2020」新核動力火星車將收集岩石樣本，並將樣本用密封罐儲存起來，放置於火星表面，以便被未來執行任務的太空船帶回地球。

火星探測器

截至2012年，主要火星探測器有8個，歐洲太空局與國際合作夥伴正在計劃一項火星採樣返回計劃，採集火星土壤和岩石並帶回地球研究。

「洞察號」：於2018年11月26日着陸，通過地震調查、測地學及熱傳導實施內部探測，了解火星內核大小、成分、物理狀態、地質構造，以及火星內部溫度、地震活動等情況。

微量氣體任務衞星：於2016年10月19日入軌，將在靠近火星表面的地方對氫氣展開探測，並利用獲取到的數據尋找水或水合物。

MAVEN探測器：
MAVEN是火星大氣與揮發演化探測器的縮寫。該探測器於2014年9月22日入軌，使命是調查火星大氣失蹤之謎，並尋找火星上早期擁有的水源及二氧化碳消失的原因。

「曼加里安號」：
於2014年9月24日入軌，對火星表面、天氣、礦藏等進行研究，有助於更好地理解星球形成原理、生命產生原因、宇宙物質存在等。

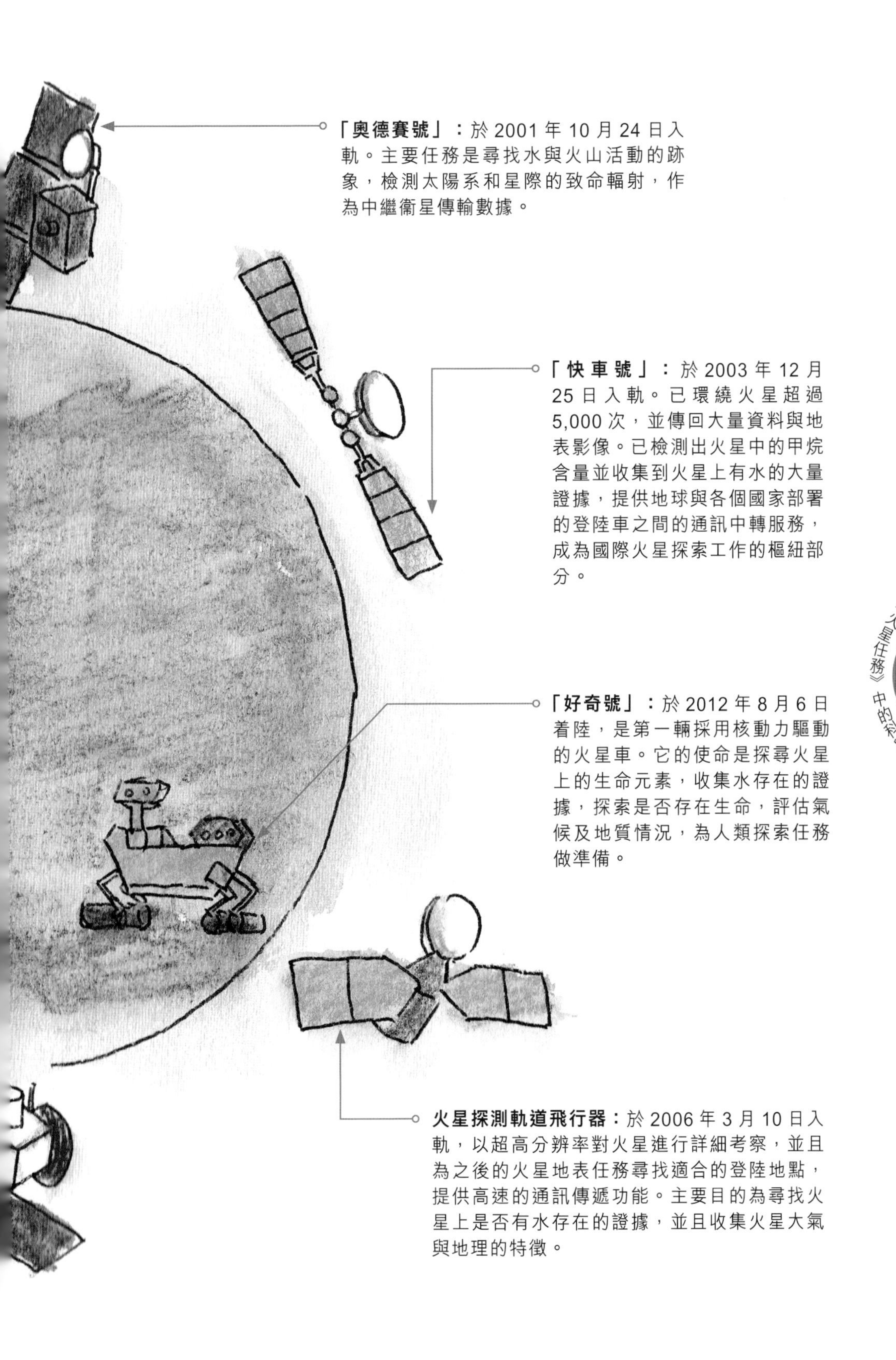
「奧德賽號」：於 2001 年 10 月 24 日入軌。主要任務是尋找水與火山活動的跡象，檢測太陽系和星際的致命輻射，作為中繼衛星傳輸數據。
「快車號」：於 2003 年 12 月 25 日入軌。已環繞火星超過 5,000 次，並傳回大量資料與地表影像。已檢測出火星中的甲烷含量並收集到火星上有水的大量證據，提供地球與各個國家部署的登陸車之間的通訊中轉服務，成為國際火星探索工作的樞紐部分。
「好奇號」：於 2012 年 8 月 6 日着陸，是第一輛採用核動力驅動的火星車。它的使命是探尋火星上的生命元素，收集水存在的證據，探索是否存在生命，評估氣候及地質情況，為人類探索任務做準備。
火星探測軌道飛行器：於 2006 年 3 月 10 日入軌，以超高分辨率對火星進行詳細考察，並且為之後的火星地表任務尋找適合的登陸地點，提供高速的通訊傳遞功能。主要目的為尋找火星上是否有水存在的證據，並且收集火星大氣與地理的特徵。

火星探測器

地球與火星之間的無線電波通訊一般會出現 4-24 分鐘的延遲，具體的延遲時間取決於地球和火星的相對位置。火星着陸器和巡視器之間的通訊是通過軌道探測器實現的，除了火星表面上的通訊外，軌道器也負責將探測數據發送回地球。

ASCII 碼：美國標準信息交換代碼，用 2 位 16 進制數字表達 0 到 255 的組合，可以表達所有字母。

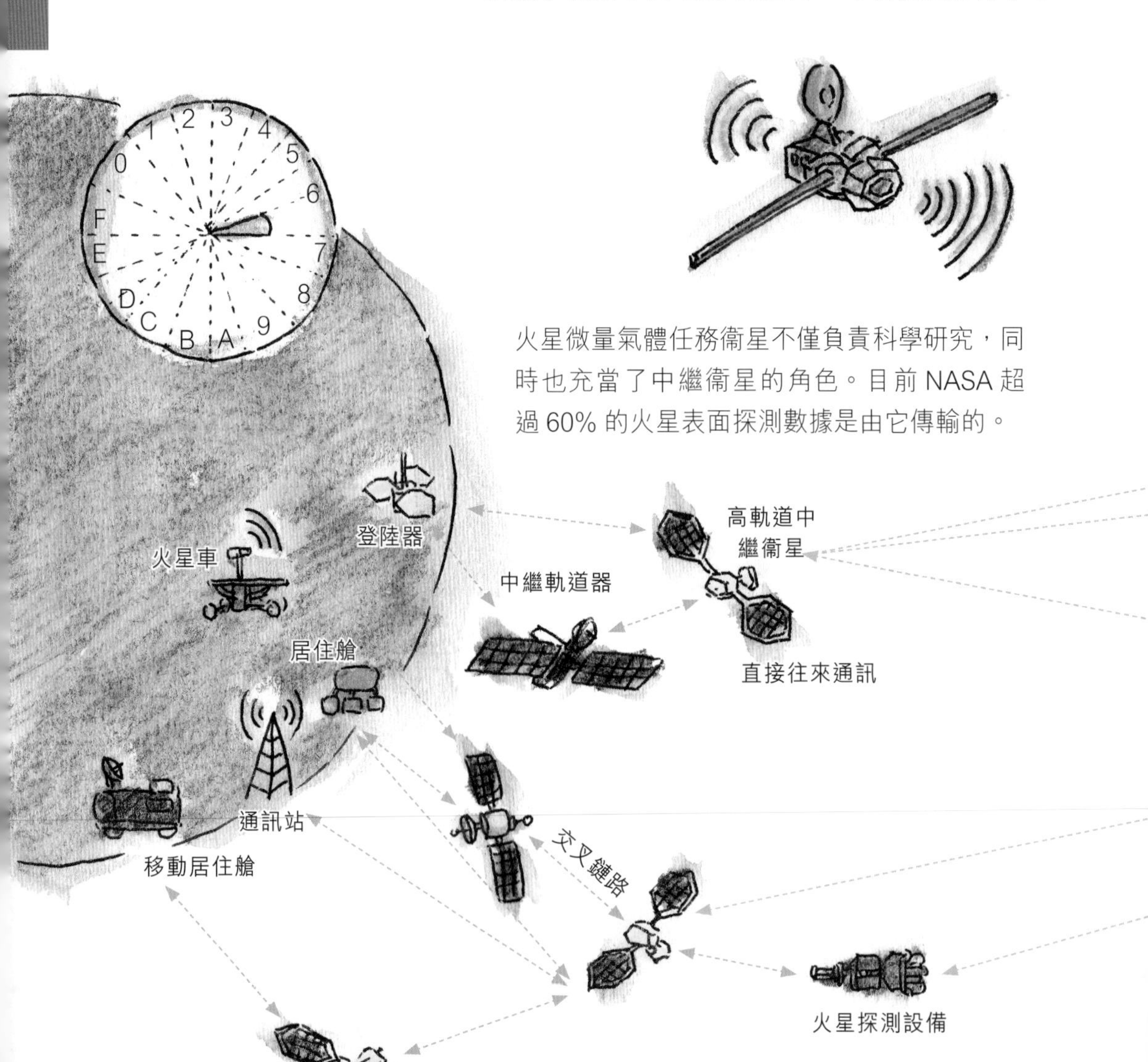

中繼衛星設計方式

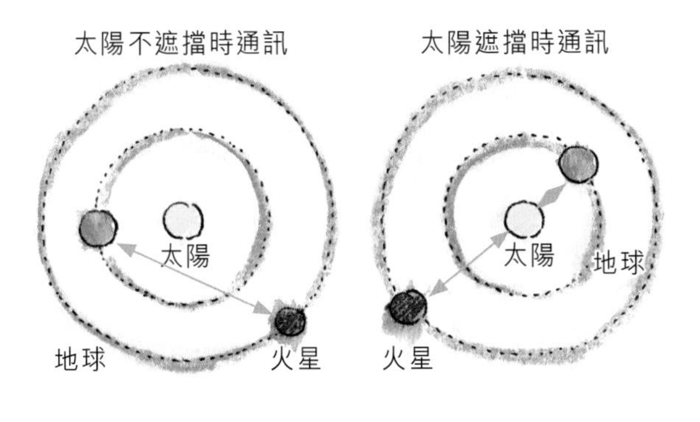

屏蔽情況每隔 26 個月就會發生一次：地球、太陽和火星在一條直線上，而且太陽剛好在地球和火星中間，我們在地球上不但觀察不到火星，而且連電磁波訊號也被太陽截斷了。

開普勒軌道中繼衛星：在沒有太陽遮擋時火星和地球可以直接進行通訊。但是，當太陽遮擋了地球和火星的時候，需要使用太陽軌道中繼衛星，額外所需時間可以忽略不計，但成本較高。

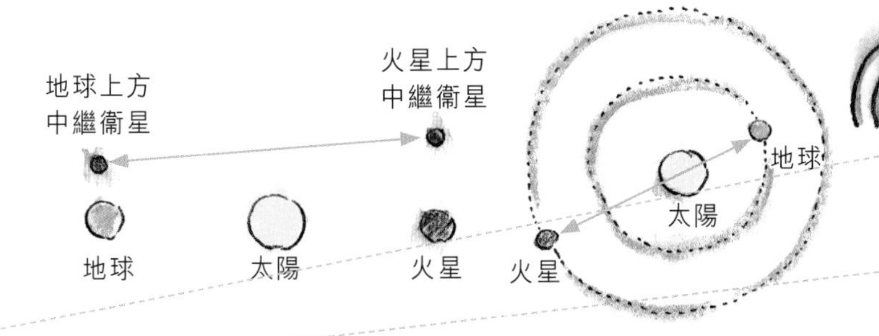

非開普勒軌道中繼衛星：這種方式比較省錢且延時小，中繼衛星一直在火星和地球正上方，信號基本上是由衛星直線到達火星中繼衛星。在沒有太陽遮擋的時候，不需要這兩顆中繼衛星，直接通訊是最佳方案。

未來深空火星中繼衛星體系

未來火星網絡包括 2-3 個專用中繼軌道器，每個軌道器搭載一個全中繼有效載荷，為人類登陸火星及火星周圍的探測活動提供連續通訊覆蓋。專用火星中繼衛星還將提供到地球中繼鏈路的近連續可用性，最小化數據往返時延。

每個中繼軌道器通過鄰近鏈路與任務軌道器和火星表面系統（如居住艙、通訊站、登陸器和火星車等）通訊。每個中繼軌道器可充當一個節點，提供全部網絡層服務。火星表面系統可根據需要通過臨近鏈路接入中繼軌道器，而任務軌道器可通過星間鏈路接入中繼軌道器。

太空船對接裝置

太空船對接裝置是用來實現太空船之間對接、連接與分離的裝置。兩個太空船機械、電氣、液路實現連接組成軌道複合體後，可實現人員、物資的轉移。

轉移軌道

原軌道

目標軌道

引力勢能轉化為飛船動能

霍曼轉移：一種變換太空船軌道的方法，途中只需兩次引擎推進，相對節省燃料。太空船在原先軌道上瞬間加速後，進入一個橢圓形的轉移軌道，然後由近拱點開始，抵達遠拱點後再瞬間加速，進入目標軌道。

飛船動能轉化為引力勢能

敞篷飛船對接的可能性

「赫爾墨斯號」由於軌道受限，只能高速飛越火星，飛船需要以更高的速度到達更高的軌道來和它會合。飛船通過拆除設備減重大約 40%，起飛時的加速度會比通常的 8 倍到 9 倍重力加速度要高，可達到 12 倍！而火星大氣的密度大約只有地球的 1%，即使加速到數公里每秒，也就相當於在高速上開窗而已，可以讓飛船不考慮外形是否為流線而被改造成敞篷車，太空人可以耐受住迎面而來的風力。只有地球 1/3 的重力讓飛船只需要單級火箭就可以脫離火星軌道。

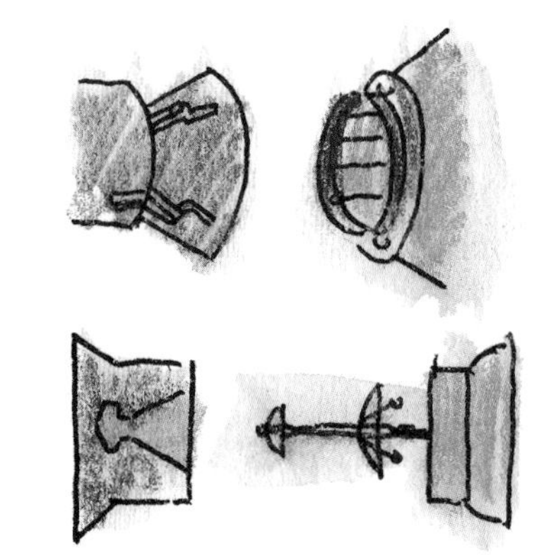

「環－錐」式：這是最早採用的對接機器，它由內截頂圓錐和外截頂圓錐組成。內截頂圓錐安裝在一系列緩衝器上，能吸收衝擊能量。美國的「雙子星座號」飛船與「阿金納號」火箭採用了這種方式。

「杆－錐」式：這種裝置由「杆」和「錐」兩部分構成。前者裝在追蹤飛行器上，後者裝在目標飛行器上。對接時，杆插入錐內，然後錐將杆鎖定，接着拉緊兩個太空船，最終鎖定兩個對接面完成對接。

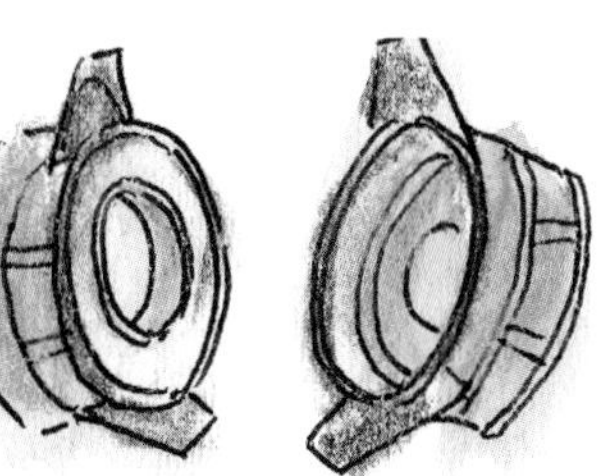

「異體同構周邊」式：當兩個太空船接近時，三塊導向瓣分別插入對方的導向瓣空隙處。對接框上的鎖緊機器使兩個太空船保持剛性連接。

「抓手－碰撞鎖」式：十字形對接裝置是歐洲空間局研製的非密封、無通道的對接裝置，僅用於無人太空船之間的對接。因其撞鎖和連接器呈十字交叉分佈而得名。日本的三點式 W 對接裝置則在周邊佈置三個抓手與撞鎖，也只適用於無人太空船的對接。

下面的問題你思考過嗎？

1．如何降低火星旅行的成本，讓普通人也能夠體驗火星生活？

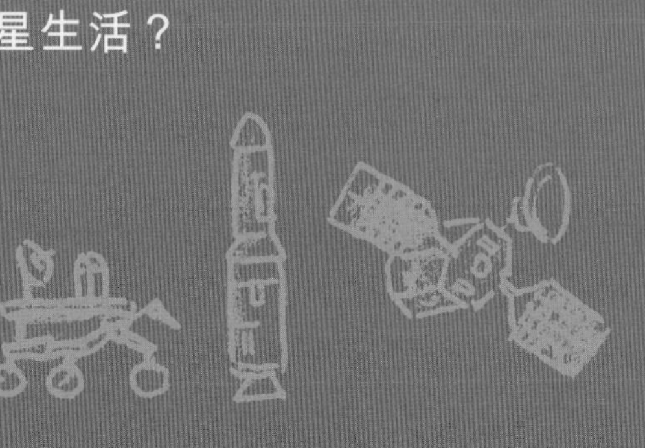

2．在飛往火星的旅途中，能看到哪些風景？

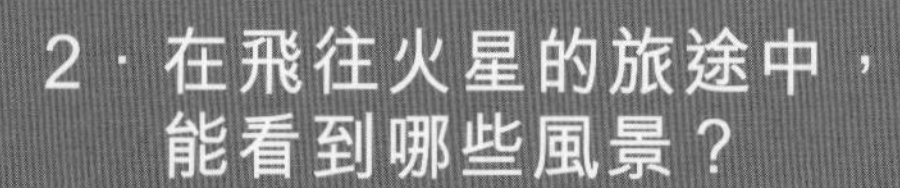

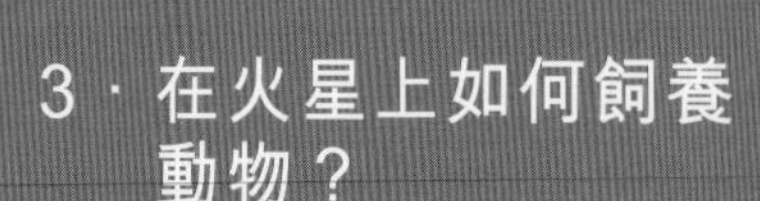

3．在火星上如何飼養動物？

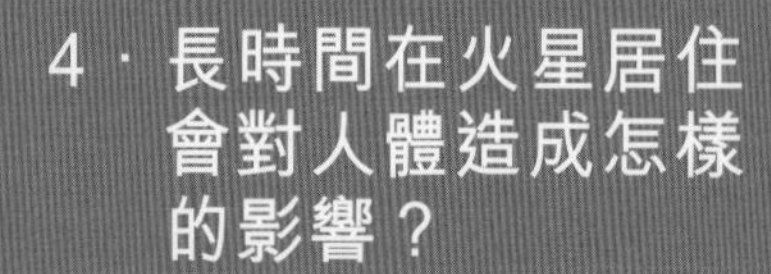

4．長時間在火星居住會對人體造成怎樣的影響？

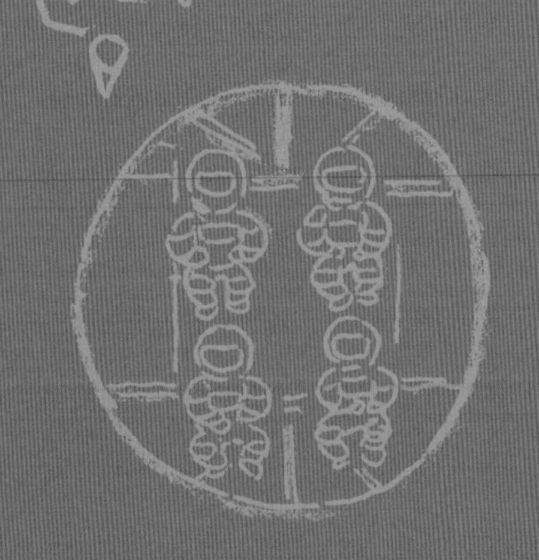

5．採用甚麼方式可以安全地在火星上起飛、降落？

6．火星上種的薯仔和地球上種的薯仔可能有甚麼不同？

7．人類如何大批量、長期地在火星生活？

著者
王元卓、陸源

責任編輯
周宛媚

裝幀設計、排版
鍾啟善

出版者
萬里機構出版有限公司
香港北角英皇道 499 號北角工業大廈 20 樓
電話：2564 7511　傳真：2565 5539
電郵：info@wanlibk.com
網址：http://www.wanlibk.com
http://www.facebook.com/wanlibk

發行者
香港聯合書刊物流有限公司
香港荃灣德士古道 220-248 號荃灣工業中心 16 樓
電話：2150 2100　傳真：2407 3062
電郵：info@suplogistics.com.hk
網址：http://www.suplogistics.com.hk

承印者
美雅印刷製本有限公司
香港觀塘榮業街 6 號海濱工業大廈 4 樓 A 室

出版日期
二〇二一年三月第一次印刷

規格
小 16 開（240mmX170mm）

ISBN 978-962-14-7343-1

HOW & WHY

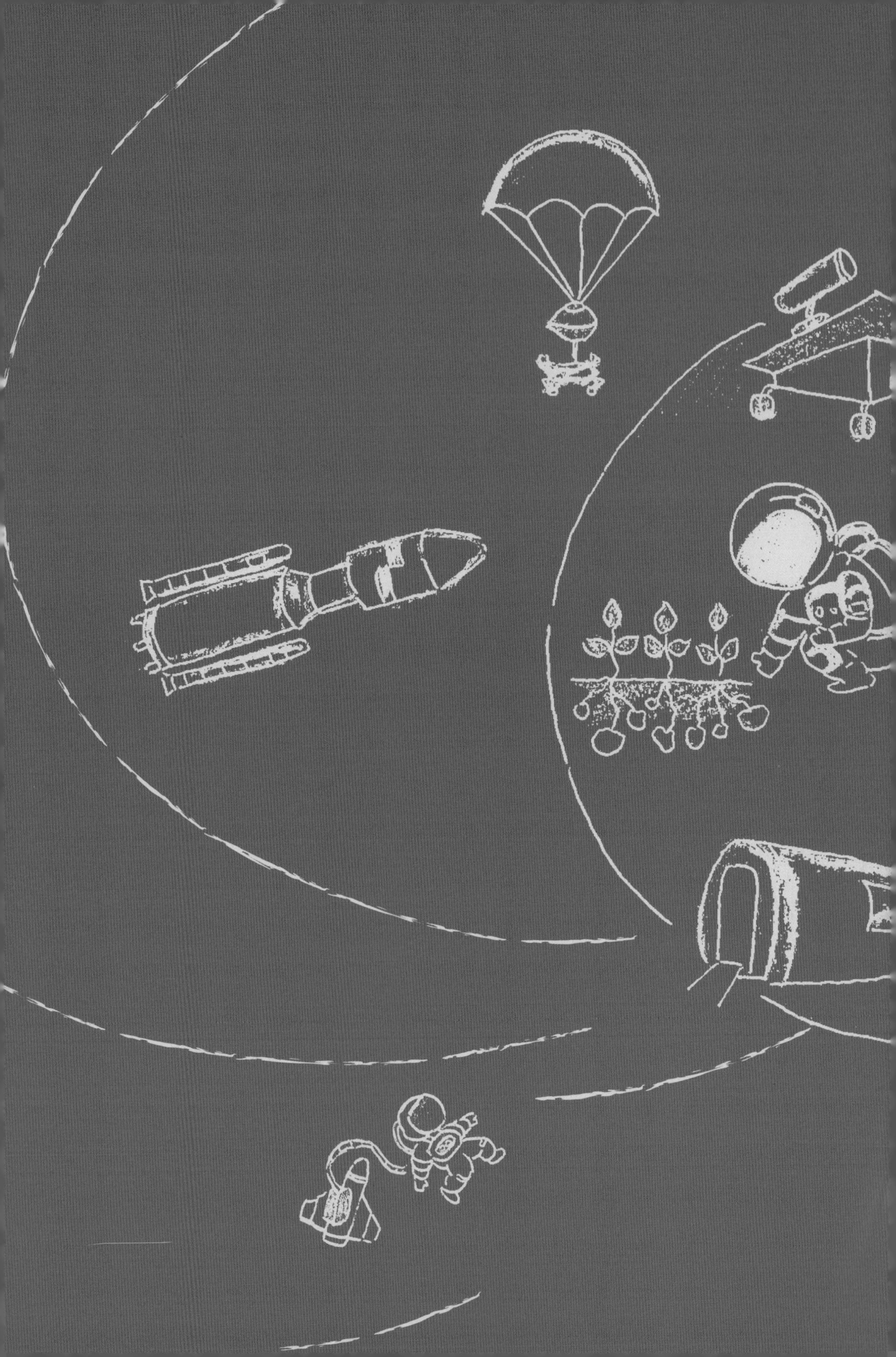